日本全國池之散步圖鑑

日本全国　池さんぽ

市原千尋　著
高彩雯　譯

鯨嶼文化

前言

水池的魅力，或許在於人們向來不太留意的地方——「往低處走」。從遠遠的地方，人們就能領略到像是威逼而來的山岳的強大存在感。不過，水池卻因爲地勢比周圍低，即使接近了，也不太會現身。有時候，我們甚至不會注意到它的存在。

據說日本有高達21萬個水池。其中99%以上，都是人造池。就算是天然池，不管是任何形式，多數都已出現人爲的介入。爲了要讓人類的生活更加豐裕，人們努力維持和管理水池，而它們也成爲感謝和信仰的對象。池水有時也會引來災害，但克服困難，爲建設更好的水池不斷加以修築重建，即是水池與人類的歷史。即使到了現在，這些工程都還在某處持續進行。

現在日本全國的水池明顯地變少，若是管理不當，水池會回復到更久以前的自然狀態，大概在數十年間就會失去功能。在時代的潮流中，很多不再具有利用價值的水池，被人們填平了。

另一方面，除了儲水或防洪等傳統功能，可以看到因爲管理責任的問題，出現了嚴格規定人員進出的傾向。我認爲，與水池有關的各種動向，終究是和我們如何設計日本的國土、如何設計人們的生活等相關，連結著最深根源處的問題。

從中學時代以來，我巡遍了全國7千個以上的水池和湖沼。其中有一座，雖然就在我家附近，我卻一直沒能發現它的存在，直到踏上第5千個，才終於與其相遇。即使是最初並未撥響心弦的水池，在多次拜訪的過程中，因池水在季節或天候下表現出截然不同的表情，仍會帶來許多驚奇，也有遇過只能說是上天安排的奇蹟瞬間。現在我在地圖上一發現還沒去過的水池，就會坐立難安，有時往南飛奔，有時跑到北方去，妻子和女兒都被嚇到了。

本書基於我至今的訪查經驗，將池子分成8種，系統化地加以介紹。讀者可以從「看起來挺有趣的」那一頁開始翻閱。這終究只是我個人感覺的分類法，不過如果能漸漸察知到各種水池的差異，一向看來只是模糊不清的水池的奧祕，就會向您顯現了吧。

透過接觸充滿個性的水池的不同面向，如果您能在住家附近司空見慣的池子中，發現和以往不同的光彩，那就太好了。

2019年（令和元年）7月　市原千尋

池、沼、湖有什麼不同？

＊編註：本書所寫資訊，皆為日本的命名或分類方式，與台灣不太一樣。

「○○池」、「○○湖」、「○○沼」
一般我們習以為常的湖沼的名字。
其他好像還有「○○堤」或「○○堰」……
到底這些是怎麼區分的？

因交織了各種因素 湖沼的分辨並不簡單

從結論說，池、湖、沼的區分，沒有明確的定義。硬是要分的話，人工造的水塘叫做池，自然形成的既大又深的水泊是湖，跟湖相比，面積小積水淺的，就叫做沼。

剛才說池是人工的，不過也有天然水塘，名字也被叫做「池」。而湖跟沼，比起大小，深淺更重要，最大水深5公尺左右，是湖和沼的分界。水深5公尺的差別，影響了水底是否有水生植物的生長。不過，水的濁度、水質、底質等的差別，也改變了底層植物的狀態，所以水深5公尺只是個大概的標準而已。

在法律上，也沒有明文區分。日本環境省管理的「湖沼法」（湖沼水質保全特別措置法），只以特定的湖沼為對象，目的是環境保護。其他的話，也適用於河川法、土地改良法、都市計畫法等法律，但池、湖、沼的分類，似乎並不是法律所規範的內容。

POND

池 ＝ …人造池 …天然池

基本上是人造的，不過山岳地區的水池有很多例外。

堤 堰 沼

水泊也因為地區差異，稱呼有所不同。

平筒沼 宮城縣 ▶73頁

屬性上完全是灌溉池。

宮澤湖 崎玉縣 ▶125頁

作為觀光用的暱稱，也有將水塘取名為「湖」的例子。

女神湖 長野縣 ▶73、137頁

改造天然沼的灌溉池，但是名字也是「湖」。

住吉池 鹿兒島縣 ▶73頁

須津湖 靜岡縣 ▶169頁

全部的水庫湖

奧多摩湖 東京都

正式名稱是小川內貯水池。

屬性完全是湖

湖山池 鳥取縣 ▶73頁

東鄉池 鳥取縣 ▶122頁

大沼 北海道 ▶73頁

池、湖、沼的命名看不出一定的規則

池、湖、沼的命名方式，大部分遵守各地區的歷史習慣，比起形態，不如說文化背景影響更大。「○○沼」也不一定是天然的，也有人工的「○○湖」。

更麻煩的是還有別名的存在。和人類關係緊密的池或湖沼，會有好幾個包括暱稱的別名。像是為了要利用「湖」的語感帶來觀光附加價值，正式名稱是「○○池」，可是暱稱是「○○湖」的例子眞是不勝枚舉。思考時，最好可以區分形態上的分類和固有的湖沼名。

到江戶時代為止，只要是大水塘，不分海水、淡水，日本人都稱為「うみ」（umi）。這個詞彙的意思也包括了海洋，不過在區分淡水湖的時候，我使用「淡」（umi）這個稱呼。

在英文裡，pond 是池，lake 是湖，也有 pond 是人造的，lake 是天然的看法。不過實際上據說英語圈的感覺也因人而異。在那邊 pond 和 lake 的區分好像也是一個難題。

「灌溉池」的名稱種類很豐富，各地區有固定的傾向。東日本有「○○池」、「○○溜池」、「○○沼」、「○○堤」、「○○堰」等，富有多樣性，西日本大概可以化約為「○○池」、「○○溜池」，山形縣和秋田縣等也有稱為「○○堤」的地區，房總半島中南部則變成了「○○湖」。在長野縣，因為作為觀光資源看待，有很多取了「○○湖」的名字。但是，也有很多池、湖、沼混雜的地區，不能只使用單一邏輯去思考。

- 也有「湖沼型」（lake type）的分類法，主要作為湖沼的環境調查指標。分類基準法是水質和生物相，不是成因等湖沼的定義式分類。
- 湖山池的湖周長度 18 公里，大小和蘆之湖（神奈川縣）和湖口湖（山梨縣）相比也不遜色。
- 湖周長度 12 公里的東鄉池，又有東鄉湖的別名。
- 明見湖是名列「富士八海」的天然湖，不過湖周長不過 500 公尺左右。
- 須津湖的湖周長不過 100 公尺。
- 英文也有例外，像是胡佛水壩的人工湖米德湖，其英文名是「Lake Mead」。

沼

天然湖沼裡深度較淺的通稱為「沼」，但也有稱為「溜池」的地域。

白龍湖 山形縣 ▶81 頁

明見湖 山形縣 ▶127 頁

八丁池 靜岡縣 ▶59 頁

砂沼 茨城縣 ▶156 頁

本來是天然湖沼，在江戶時代以後，徹底地被人工改造。

湖

LAKE

日文原本稱為「淡」（うみ，水の海）。水深 5 公尺以上稱為湖，不過並不是法定稱呼。

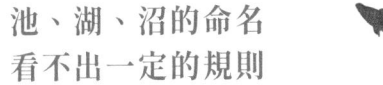

目次

第四章 人造池散步

土木遺產之美！巨大結構物・水庫

第五章 公園池散步

公園池，玩心滿滿

第六章 城池散步

越認識城濠（護城河），就會更明白城郭的魅力

第七章 町池散步
在城鎮中，偶遇令人驚訝的歷史和傳說

第八章 寺社池散步
寺社池是懸疑和傳說的寶庫

刊載於本書中的日本全國池泊一覽表

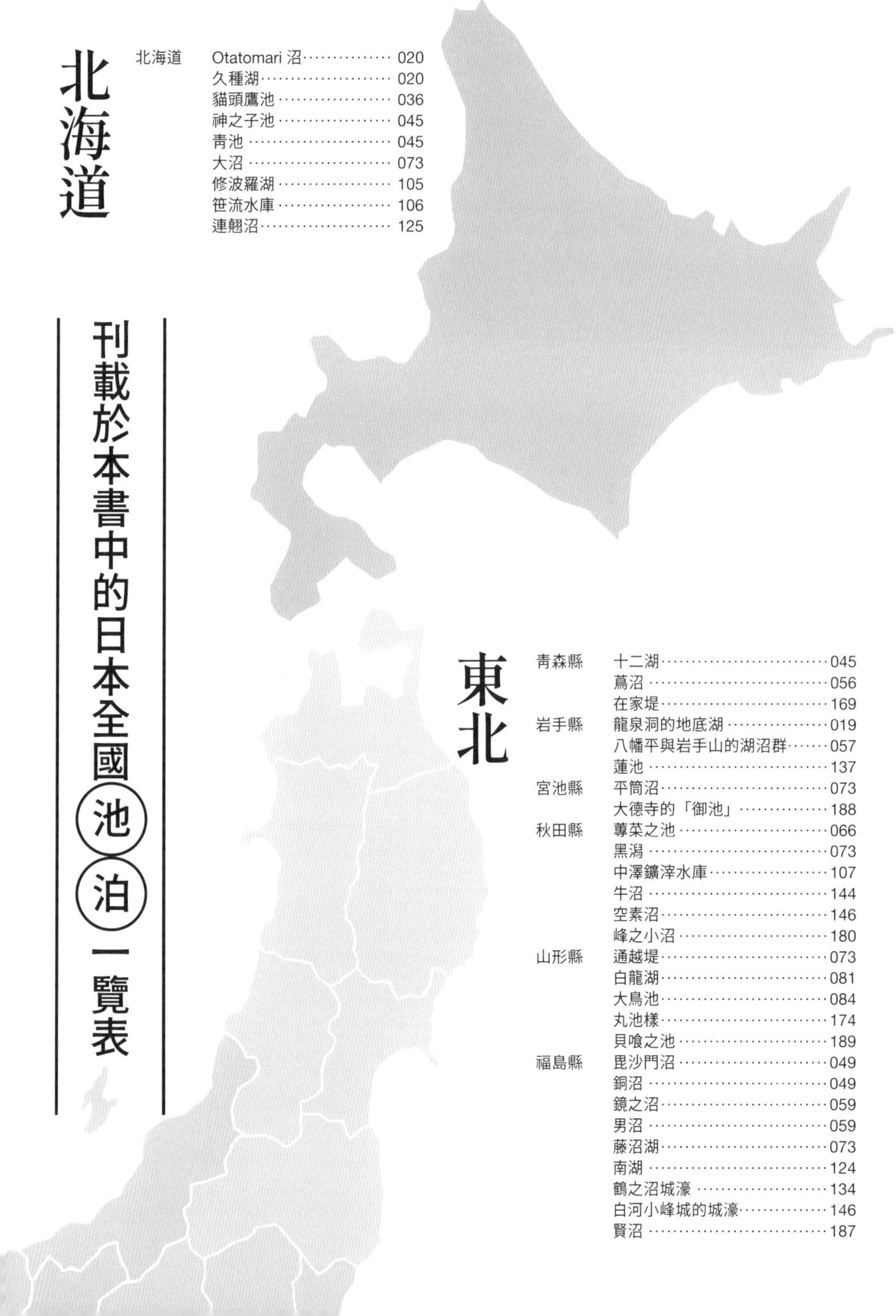

北海道

東北

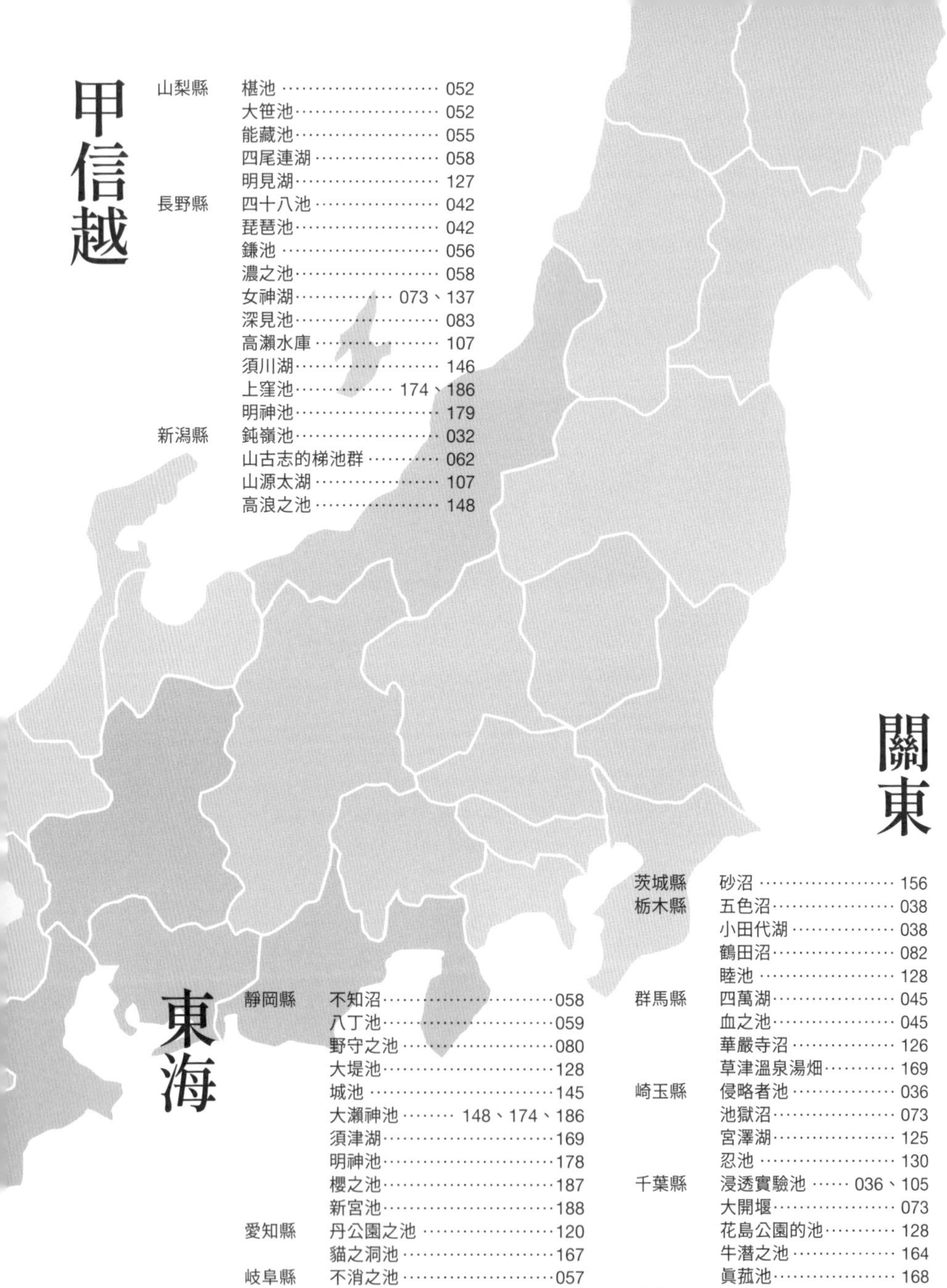

甲信越

東海

關東

中國

四國

北陸

近畿

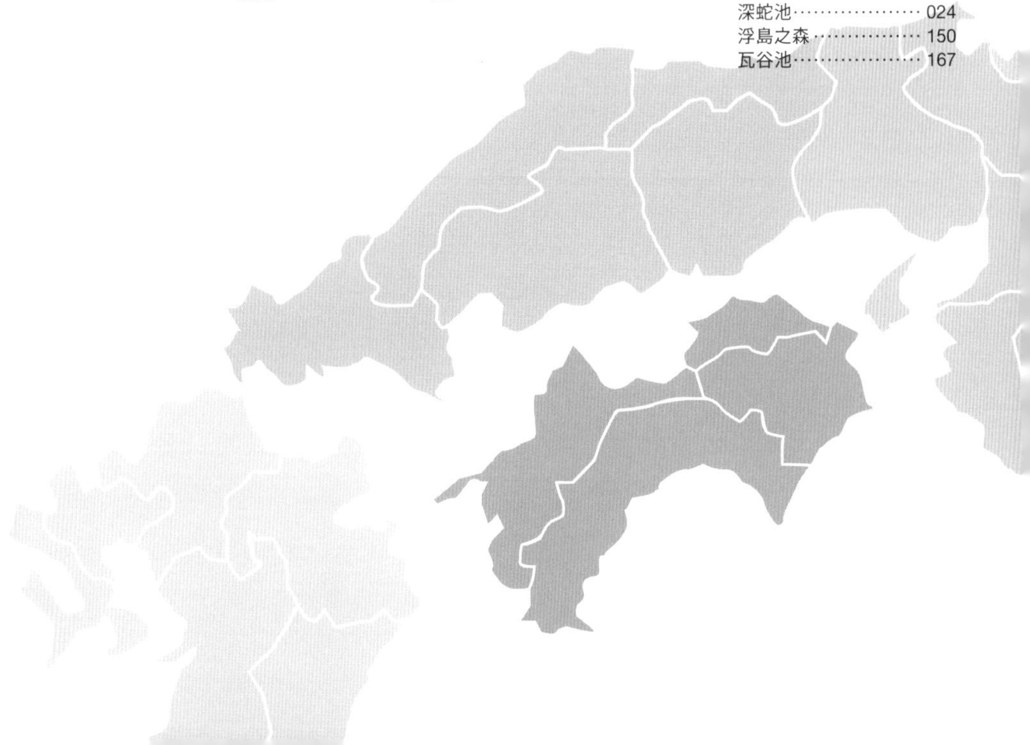

九州

沖繩

第一章

島池散步

離島專屬的風情和獨特性

島國日本的島嶼，
據說有6800座左右。
其中有人住的島大約400座。
越小的島，
就越要求水利的匠心。
獨自發展成形的島池
富有情趣的魅力。

南大東島的石灰岩池群

支撐著絕海孤島、在滿是空洞的地基上的奇蹟水池群

沖繩縣島尻郡南大東村

南大東島位於太平洋正中間，和北大東島一同浮在水面。因爲地盤爲石灰岩，地形像空碗般內側凹陷，島上存在著無數的水池，透過地下水脈，與海洋相連。

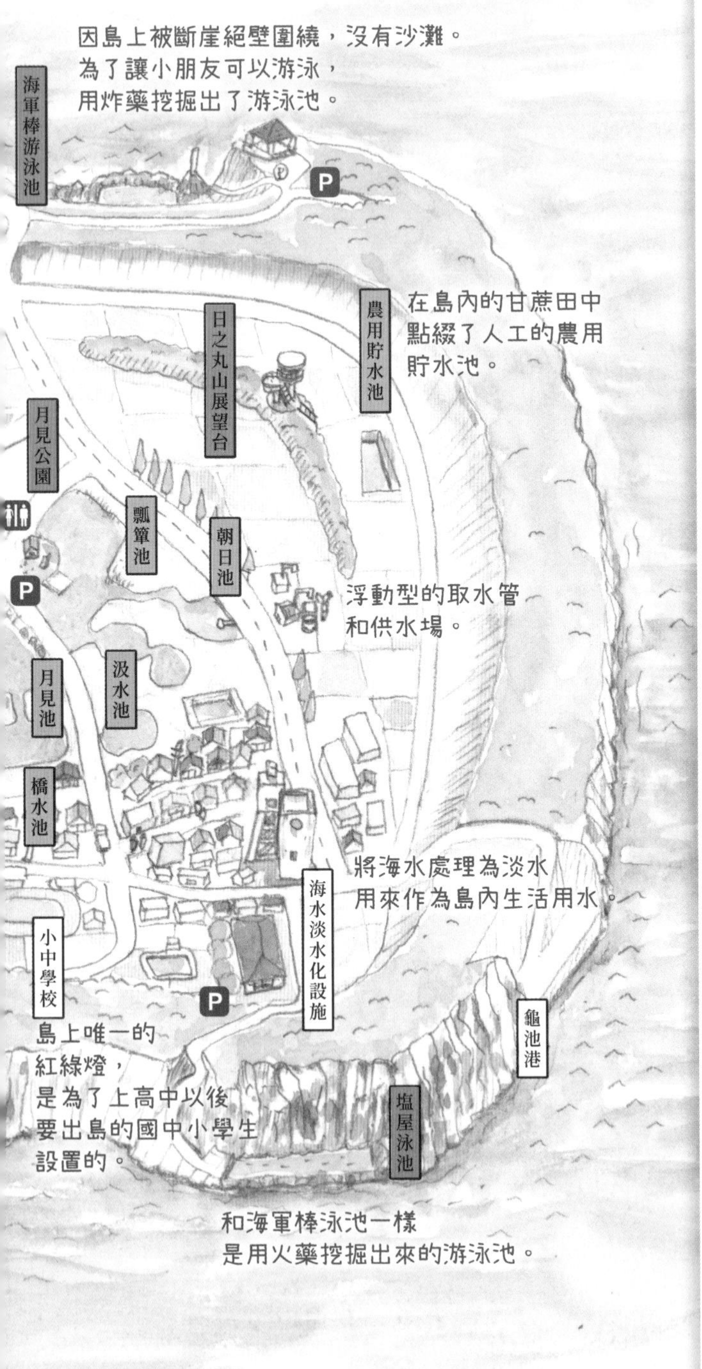
因島上被斷崖絕壁圍繞，沒有沙灘。
為了讓小朋友可以游泳，
用炸藥挖掘出了游泳池。
海軍棒游泳池
在島內的甘蔗田中
點綴了人工的農用
貯水池。
農用貯水池
日之丸山展望台
月見公園
瓢簞池
朝日池
浮動型的取水管
和供水場。
汲水池
月見池
橋水池
將海水處理為淡水
用來作為島內生活用水。
海水淡水化設施
小中學校
島上唯一的
紅綠燈，
是為了上高中以後
要出島的國中小學生
設置的。
龜池港
塩屋泳池
和海軍棒泳池一樣
是用火藥挖掘出來的游泳池。

南大東空港
秋葉山
農用水池
甘蔗田裡有
通往地底湖的入口！
這裡是私有地，
必須購買付費導覽。
秋葉地底湖
人工的農用水池，
是水泥的完全護岸。
併設有幫浦設備。
本場海岸
不僅只是南大東島，
也是沖繩縣的最大天然湖。
島上全覽館
阿彌陀池
大池
展望台
淡水池
榮太郎池
水池長出
紅樹林？
是「天然紀念物」。
鴨池
霞池
P
水門
南大東漁港
帶池
權藏池
豊作池
見晴池
P
星野淵
P
大東神社
大東神社之池
這裡據說有地底湖，
只有探險家見過。
境內有開滿了
蓮花的池塘。
發現了
建設中的農用水池。
因為是石灰岩土壤，
造池也很花功夫。
西港
乘客竟然要先進到籠子裡，
由怪手吊上陸地。

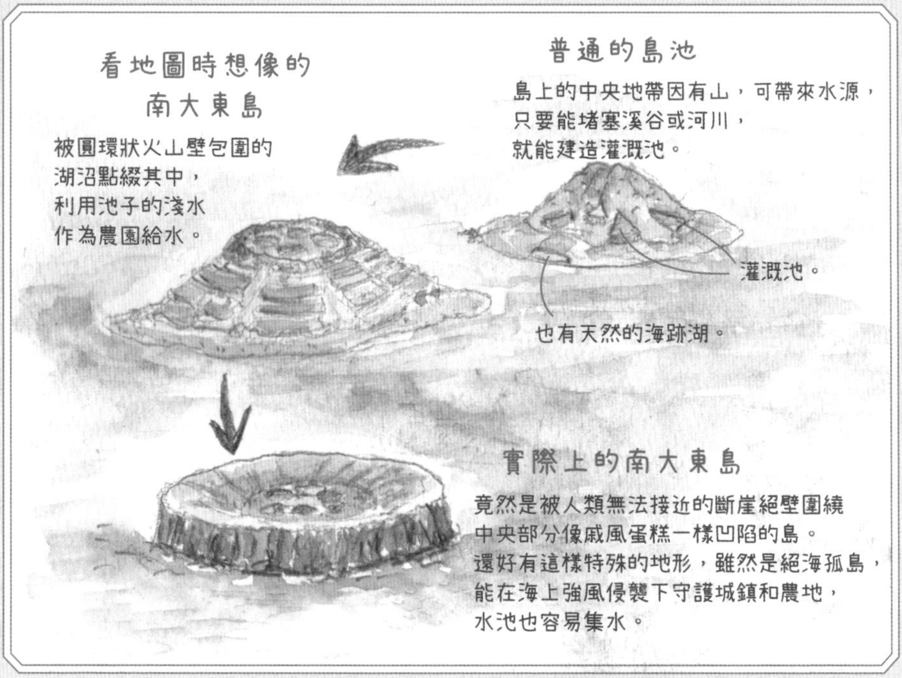
看地圖時想像的
南大東島
被圓環狀火山壁包圍的
湖沼點綴其中，
利用池子的淺水
作為農園給水。
普通的島池
島上的中央地帶因有山，可帶來水源，
只要能堵塞溪谷或河川，
就能建造灌溉池。
灌溉池。
也有天然的海跡湖。
實際上的南大東島
竟然是被人類無法接近的斷崖絕壁圍繞
中央部分像戚風蛋糕一樣凹陷的島。
還好有這樣特殊的地形，雖然是絕海孤島，
能在海上強風侵襲下守護城鎮和農地，
水池也容易集水。

石灰岩土壤生成的地下洞窟與地底湖

南大東島，實在是奇妙的島嶼。

島嶼裡海拔最高的地方是海岸，越往島中間走越低矮。這樣比喻好了，這裡就像是一個如碗狀、內側凹陷、周圍有20公里的戚風蛋糕。這東西，和北大東島一起，浮現在沖繩本島東方大約370公里的海平面上。這是一座聳立於數千公里深的海底火山的山頂——只有這2座雙耳峰的頂端，在海上嶄露頭角。

外圈是斷崖絕壁，因此造了掘進式的港口，不過風強浪大，大船難以靠岸。

所以，不只是貨櫃，連乘客都要坐上像鳥籠一樣的吊籠，用怪手吊起來才能上岸。

雖然是特殊環境的島嶼，在中央的部分，無數水池像是手牽著手般，形成了魅惑人心的水池聚落。

但附近遍布著大片的甘蔗田，卻完全看不到能供給水池水源的河川或山岳。解答這個謎題的關鍵在於土壤。薄薄表土的下方是石灰岩，也就是堆積了珊瑚之類的生物屍體，經過漫長的時間，受雨水侵蝕的石灰岩地形，形成了錯綜複雜的200多個地下洞窟，這些地下洞窟中，隱藏著好幾個地底湖。

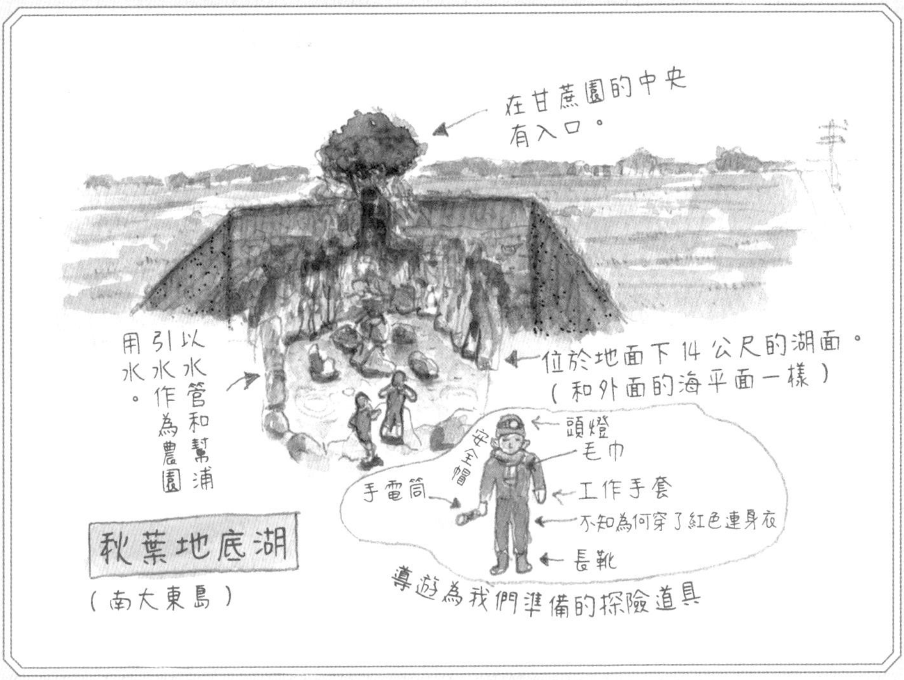
在甘蔗園的中央
有入口。
位於地面下14公尺的湖面。
（和外面的海平面一樣）
以水管和幫浦引水作為農園用水。
頭燈
安全帽
毛巾
工作手套
手電筒
不知為何穿了紅色連身衣
長靴
秋葉地底湖
（南大東島）
導遊為我們準備的探險道具

海拔最低的島中央附近，在雨水聚積處，侵蝕狀況更嚴重，地底湖裡，也出現了上部崩落的例子。形成了數個這類的圓形石灰岩池，其中也有相連在一起，變成葫蘆形狀的池子。這些都透過地下水脈，和海洋相連，會受外海漲退潮的影響。

另外，因爲沒有流入和流出的河川，大型水流不會出現，鹹水層上方的表層能保住取出淡水。設置流動型取水口取用淡水，再用幫浦抽水，就能滋養甘蔗園。令人吃驚的是，園裡設了開著口的水管，延伸到地底湖，用幫浦可以取水。從這裡，可以看到離島嚴酷的水資源問題。

八丈島移民傳授的水利技術與文化

在南大東島，有取名字的池子共20幾個。其中也有冠上發現者名字，像是權藏池或榮太郎池等例子。他們是一百多年前，從八丈島來到此地的移民。

離島八丈島，非常特別，地理上和地形上，充分享有水的恩惠，水利技術也很發達。正因爲有了造池和造水路技術的傳承，可以說開拓南大東島的任務超越了困難，是成功的。

什麼是農水池?

水塔型
在丘陵等高起的地
形上偶爾會看到。
擋土牆型
很少見。
掘進型
外圍用圍籬圍住的狀況很多，
也很像都市地區的調節池。
同時設置幫
浦等設備。

定義上，是在水渠或引水路的中間點，為了讓水資源運用更有效率的暫時貯存設施。通常會和灌溉池有所區別，不過，北大東島的掘進型水池，被選入了「灌溉池」百選。

天然的石灰岩池群與人工農用蓄水池

一離開位於被稱爲「外幕」地帶、南大東島外輪丘上方的南大東機場，就會抵達下坡的「內幕」，也就是內側的平原地帶。

在這裡，有好幾個「農用蓄水池」迎接著旅客。不限於這座島嶼，在不利於造池的地質上，經常可見這樣的水池。在北大東島上，類似的水池群，便爲農林水產省所選定的「灌溉池百選」之一。

來到平原中央，天然的石灰岩池沿著道路出現。這一帶是圓型的「滲穴」(doline) 群和滲穴坍塌後相連起來的「岩溶谷地」(uvala) 群的巢窟。

「瓢簞池」(葫蘆池) 這個名字正表現出了岩溶谷地的特徵，池畔建了公園，停車場和廁所等設備也很齊全。隔著月見橋是月見池，再往前穿過運河般的水路，又看到了一個擁有完美的岩溶谷地樣貌的榮太郎池。

小鎮側邊的「汲水池」，大概是從前生活用水的痕跡吧。現在，島上的自來水道，由海水淡化設施供給，水池也幾乎全供農業使用。由石灰岩池串連起的網狀水路，據說是從前爲了搬運收穫後的甘蔗，在卡車普及前開鑿出來的。

放眼世界也極稀有長出紅樹林的水池

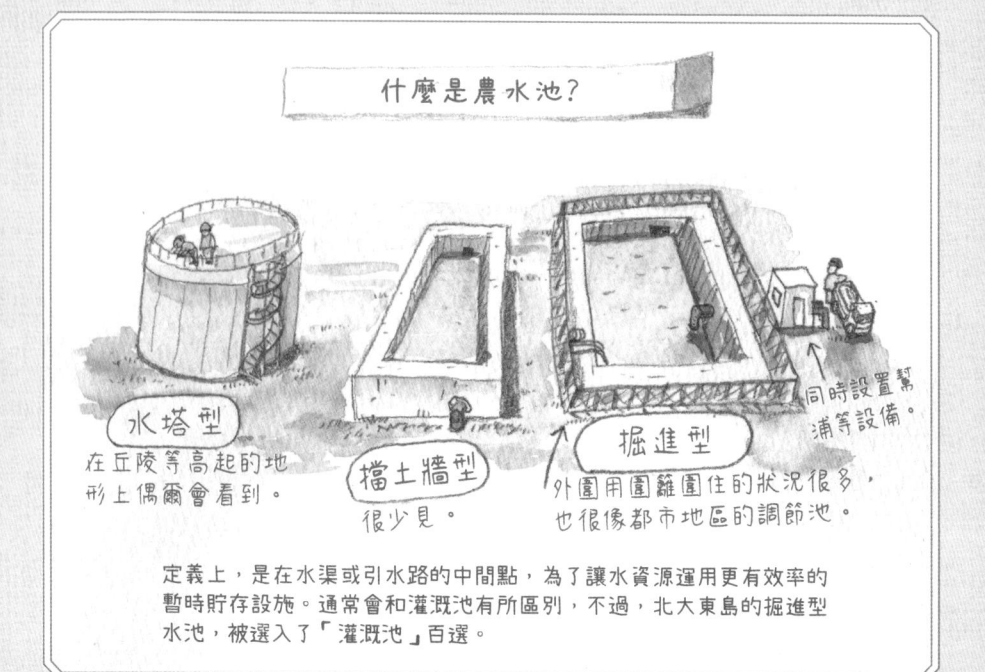

日本深具魅力的代表性地底湖・東西橫綱

龍泉洞的地底湖（岩手縣）

水深達98公尺，水色透明度之高也是世界首屈一指。打光後池水的深邃感，被譽為「龍之藍」。國家指定天然紀念物。被日本環境省選為「名水百選」之一。

龍河洞的地底湖（高知縣）

龍河洞是高知縣的代表性觀光景點，國家天然紀念物。在巨大地下瀑布的底部，因為打光反射到鐘乳石上，散發著閃亮的黃金光輝。洞裡棲息著四國沼蝦。

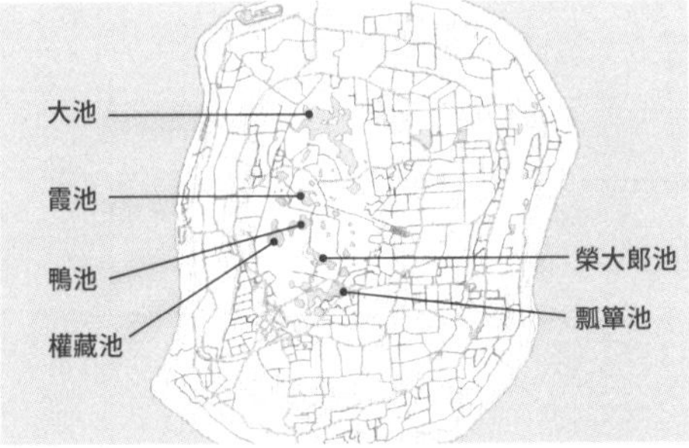

南大東島的石灰岩池群

◆ 所在地／沖繩縣島尻郡南大東村

◆ 搭船／沖繩本島到西港，坐渡輪大約15個小時。西港到大池大約5km。

◆ 搭飛機／那霸機場到南大東機場大約1.5小時。南大東機場到大池大約7km。

根據日本國土地理院標準地圖製作

南大東島最大的「大池」，也是沖繩最大的天然湖。除了展望台和木棧道區域以外，沿岸密布了樹林，所以如果不參加水路上的環湖獨木舟遊程，很難慢慢地看遍大池。

池岸的一部分，是已經成為日本天然紀念物的紅樹林，放眼世界也極為稀有的水池風景在眼前展開。可以想像，這是上古時代的紀念，那時大池還是一座被珊瑚礁圍繞的礁湖。因為島嶼整體隆起，和外海分離的樹林被封印在陸地之中。雖然在地底下的某處還跟大海相連，也創造出了「水池紅樹林」這種舉世僅見的例子。這麼一想，大池看起來又有點不同了。

Otatomari 沼與久種湖

日本最北的島嶼，利尻島和禮文島裡詩意的天然池

北海道利尻郡利尻富士町・禮文郡禮文町

有「白色戀人」包裝上所畫的百大名山山峰，如同「倒富士」景色般照映在湖面上的 Otatomari 沼，是海岸噴火口遺跡形成的火口湖。禮文島的久種湖是日本最北的天然湖。

和利尻島形成對照，是平緩的地形。
禮文岳
北之見晴台
有點天涯海角感，像是被波浪塑造出的獨特山形。風很強，樹木完全無法生長。
最北的商店
大備川
流入久種湖的河川。
船泊
夾在湖與海中間的小鎮
久種湖
日本最北的天然湖。在愛奴語中意指「穿過山脈的湖」，其成因是砂子形成的堰塞湖。
禮文機場
歇業中。
看起來像是天然湖，竟然是大正時代築造的人工池。和 Otatomari 沼相比，比較不受強風影響，看到利尻富士倒影的可能性也更高？
培詩岬
姬沼
鴛泊港
到稚內坐船不到 2 個小時。
可以騎在半山腰的自行車專用道。

memo

Otatomari 沼本身不是單一的火山口，包括了附近三日月沼的沼浦溼原，是火山口遺跡。《日本百名山》（深田久彌著）的「利尻岳」一項中，只出現了三日月沼之名，明明是同一座火口湖內的池沼，卻沒提到 Otatomari 沼。

memo

久種湖位於像被大浪打過般丘陵綿延的地區，是特殊地形。從海拔0公尺到高山植物開放的奇特「周冰河地形」造就的湖沼景觀，只有禮文島可以見到。步道和展望台、露營場都很完備。

日本最北端的有人島──禮文島的港口。
至利尻島坐船需大約45分鐘。
香深港
利尻岳
1719m
像是從海上朝著天空直直地往上挺的美麗山峰。日本百大名山之一。
利尻町森林公園之池
沓形港
沒有路徑可以通往三日月沼，只有積雪的冬季才能進去是屬於滑雪客的特權。
Menuusyoro沼
愛奴語的意思是「有湧水池的港灣」，鋪有步道。
赤蝦夷松的群生林。
三日月沼
沼浦溼原
由2個沼池合起來的溼地，
是火山口遺跡。
Otatomari沼
愛奴語意指「有砂的海灣」，設有環繞沼面的步道。
2018（平成30）年上皇陛下也來訪過。
沼浦神社
鬼脇漁港
利尻島唯一的海灘。
會舉辦釣鮭魚大會
也有橡皮艇。
沼浦展望台
鬼脇
從這裡望見的利尻岳英姿，
就和巧克力名產「白色戀人」的包裝設計一模一樣。

擁有詩意的名字和個性
天涯海角之地的天然池

北海道最北的港口小鎮，稚內。到處掛著俄文招牌，洋溢著異國風情。從稚內港一日有數班船行駛，連結了離島的禮文島和利尻島。

「有砂的海灣」、「有湧水的港灣」、「越山的湖泊」——這些如詩般的語言，都是島上水池的名字。

從海上伸出天際的聳立秀峰，利尻島整座島堪稱是利尻岳的山體。海岸的大部分，都是急伸入海的銳角，也沒有能稱得上是沙灘的海濱，「有砂的海灣」即是「Otatomari」，就是島上的珍寶了。

Otatomari 沼的湖周長1公里，相比之下，它的最大水深才3.5公尺，相當淺。觀察周邊地形，還有圓形的湖盆和半圓形的山丘，這些都是從前火山爆發形成的火山口殘跡。Otatomari 沼是火山噴發和海平面降低所自然生成的形狀。

從河沼近處的高台可望見的利尻岳山峰英姿，多年來一直裝飾著石屋製菓公司生產的「白色戀人」的包裝設計。池邊的小店，招牌料理是海膽軍艦卷，觀光客都愛得不得了。

寬廣的Otatomari 沼，其實和附近的三日月沼一樣，都只是大型火口湖的邊緣而已。湖底植物不枯死，堆積在湖中，原本的火口湖幾乎都轉化爲沼澤溼地。如果人類不加以干預，Otamari 沼總有一天，也會面臨被溼地吞併的命運。

用人工延長天然湖的壽命，並不是特別稀奇的事，不過利尻島的北側，有改造天然池沼的人工池，姬沼。本來被原生林所環繞的凹地中的數個池沼，大正時代修建了人工堤，造出了一個大池。

目的是養殖姬鱒這種淡水魚。姬鱒原產於北海道阿寒湖，大正時代確立了養殖技術，因爲很美味，後來也移流到本州的中禪寺湖和十和田湖。姬沼的由來就是因爲姬鱒。

在嚴酷環境下
溫柔佇立的天然湖

從利尻島坐船40至50分鐘，到達了海上的禮文島，與利尻島是對照地形，島上沒有利尻岳般雄糾糾的絕對象徵，是連樹都長不出來的禿山，像平緩的波浪般連綿不絕。使草木都長不出來的強風，讓土壤都爲之破碎的酷寒，加上時間，造就了這片奇妙的丘陵。像是把湯匙翻過來、介於丘陵和大海中間的低地，佇立著周圍4公里的「越山之湖」——久種湖。

島上唯一的天然湖，眼前是海，陪伴著城鎮，如同守護著島上人民的生活般，表情沉穩靜定。

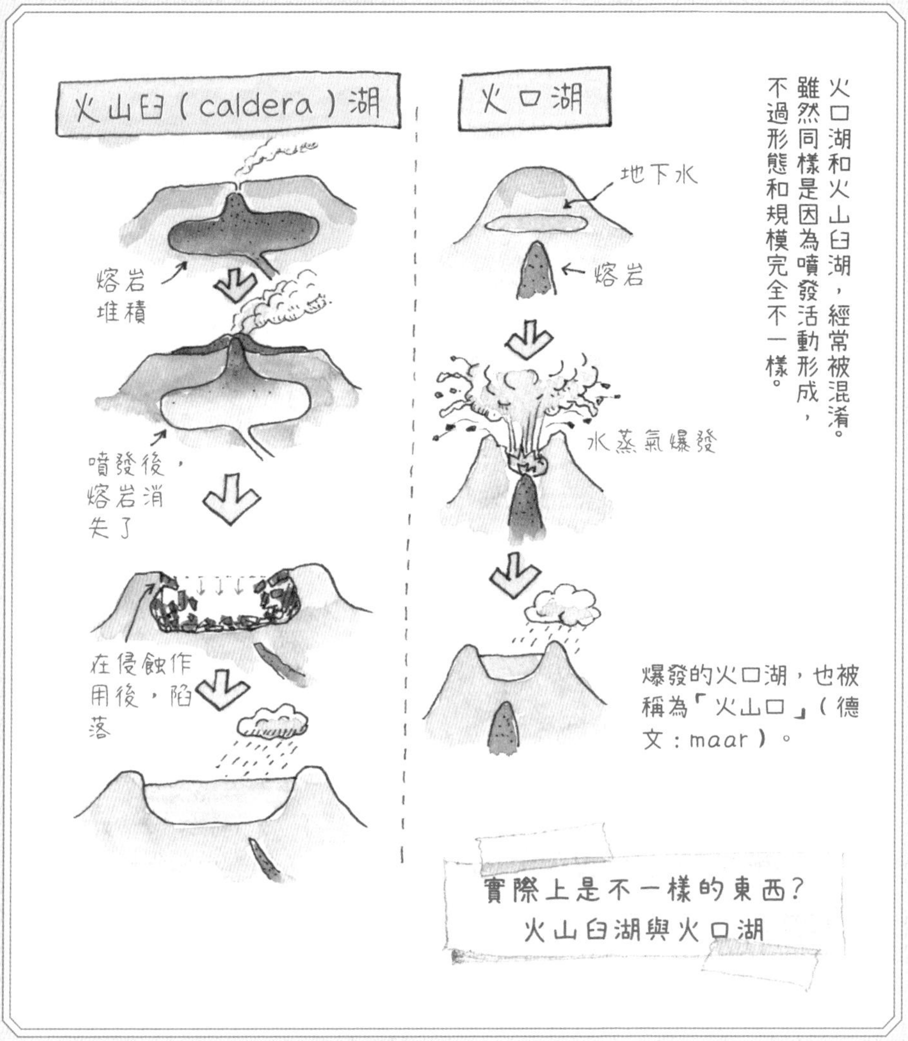
火山臼（caldera）湖
熔岩
堆積
噴發後，
熔岩消
失了
在侵蝕作
用後，陷
落
火口湖
地下水
熔岩
水蒸氣爆發
爆發的火口湖，也被
稱為「火山口」（德
文：maar）。
火口湖和火山臼湖，經常被混淆。
雖然同樣是因為噴發活動形成，
不過形態和規模完全不一樣。
實際上是不一樣的東西？
火山臼湖與火口湖

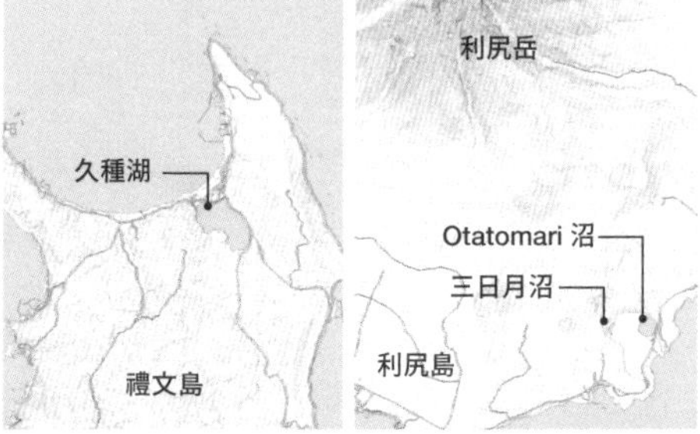
久種湖
禮文島
利尻岳
Otatomari 沼
三日月沼
利尻島

Otatomari 沼和久種湖

- ◆ **所在地**／北海道利尻郡富士町鬼脇沼浦・禮文郡禮文町船泊村
- ◆ **搭船**／利尻島，從稚內到鴛泊港搭渡輪大約 2 小時。鴛柏港到 Otatomari 沼約 21km。禮文島，從稚內到香深港約 3 小時，香深港到久種湖大約 18.5km。

根據日本國土地理院標準地圖製作

島池
三

天空之城的島嶼，友之島上有著大蛇傳說的水池

蛇之池與深蛇池

戰前的友之島上軍事設施林立，成爲廢墟後，那些設施就像電影《天空之城》裡面的場景一樣。
在島的南北2處，有著大蛇傳說之池。

和歌山縣和歌山市

日本全國的水池流傳著除大蛇的傳說

和歌山縣的友之島，是浮在紀淡海峽中的地之島、虎島、神島、沖之島四座島嶼的總稱。也是瀨戶內海國立公園的一部分。

從和歌山市郊外的加太港，坐高速渡船橫切紀淡橫峽，約30分就會到達一座突出混凝土棧橋的無人島。

明治時代在沖之島設置了砲台等軍事設施，戰前爲了保護軍事機密，是連地圖都未記錄的海上要塞。

現在還保留了若干磚瓦造的砲台遺跡等戰爭遺構，其中，第3砲台被社團法人土木學會推選爲日本土木遺產。這座戰爭遺構，因爲很像電影《天空之城》的世界，在社群軟體上引起轟動，最近來到友之島的年輕觀光客快速增加。

我之所以被吸引，是因爲知道了幾乎被山岳占領的這座島，於南北2端分別有「蛇」字的池子。有「蛇」字之名的2座池——僅僅如此，就足夠讓我懸想那獨屬於水池的濃密氣味中，所漂蕩的古老傳說（見84頁）。實際上，友之島，確實流傳著與大蛇相關的故事。

上島前，請做好心理準備。把目標放在「拉普達」天空之城的人很多，非常雜亂，不過排隊的多數人都是爲了看山頂的砲台遺跡，前往島嶼前端水池的水池宅宅，基本上是沒有的。

役行者手持寶劍將暴走的大蛇封印至池中

海邊步道的前方，等待我的是南端的蛇之池，背對大型船舶熙來攘往的紀淡海峽，此處沒勁到像是

memo

三面環山，由不同水質的2個池塘組成。池子的成因是「海跡湖」吧。山丘斜面的樹林地帶和平坦的溼地地帶中間有明確的界線，溼地裡住了淡水和海水的植物。連深蛇池的溼地地區也包含在內的「深蛇池溼地帶植物群落」，被指定為和歌山縣的天然紀念物。

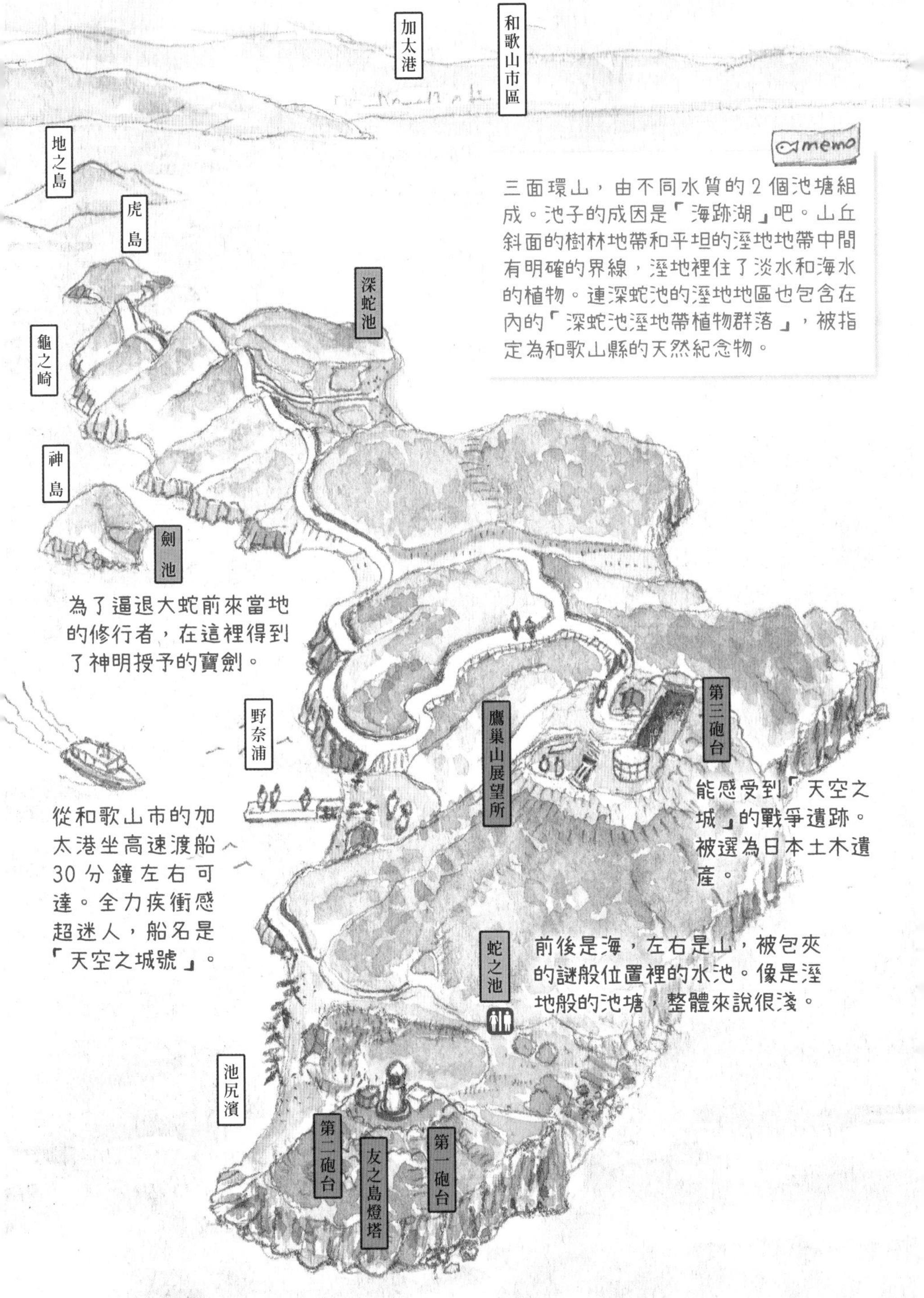

和歌山市區
加太港
地之島
虎島
深蛇池
龜之崎
神島
劍池
為了逼退大蛇前來當地的修行者，在這裡得到了神明授予的寶劍。
野奈浦
鷹巢山展望所
第三砲台
能感受到「天空之城」的戰爭遺跡。被選為日本土木遺產。
從和歌山市的加太港坐高速渡船30分鐘左右可達。全力疾衝感超迷人，船名是「天空之城號」。
蛇之池
前後是海，左右是山，被包夾的謎般位置裡的水池。像是溼地般的池塘，整體來說很淺。
池尻濱
第二砲台
友之島燈塔
第一砲台

帶著一股傻氣。

友之島的傳說是這樣的。池子一角的蛇穴有大蛇出沒，它會越過海峽，甚至到加太或淡路島做惡。受邀伏魔的役行者（也稱為役小角，被認為是日本修驗道的師祖，飛鳥時代人），準備時登上了神島之池，從上天得到了寶劍。打輪的大蛇逃到了島的另一側，成了守護神深蛇大王。

北端的深蛇池四周，是被山與海環繞的安靜溼地。從其形態看來，成因應該是「海跡湖」吧。作為大蛇棲居之處，似乎略嫌太淺。另外，還流傳一種說法，如果吹笛子的話，被封印的大蛇將會再度暴走。

海跡湖和潟湖是什麼？

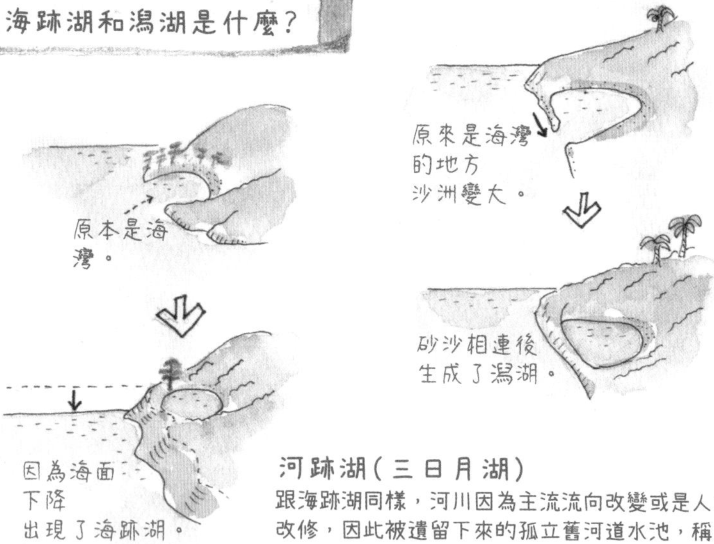
原本是海
灣。
因為海面
下降
出現了海跡湖。
原來是海灣
的地方
沙洲變大。
砂沙相連後
生成了潟湖。

河跡湖（三日月湖）

跟海跡湖同樣，河川因為主流流向改變或是人為河川改修，因此被遺留下來的孤立舊河道水池，稱為河跡湖（三日月湖）。

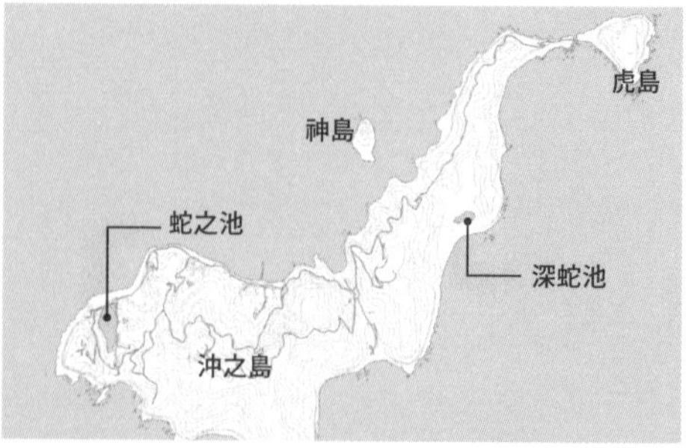
虎島
神島
蛇之池
深蛇池
沖之島

蛇之池與深蛇池

◆ 所在地／和歌山縣和歌山市加太
◆ 搭船／友之島，從加太港到野奈浦淺橋，搭高速船大約 30 分鐘。野奈浦棧橋到蛇之池大約 1km。野奈浦棧橋到深蛇池約 1.5km。蛇之池到深蛇池約 2.5km。

根據日本國土地理院標準地圖製作

島池 四

海鼠池與貝池

上甑島島民懼怕的紅色「雙層底」真相是？

鹿兒島縣薩摩川內市

鹿兒島縣的上甑島，沿海岸並排了4個池子擁有特殊的外觀和個性。四池雖然接近，水池的特性，又有所不同。

比京都天橋立還長的沙洲——分隔了水池和大海

離島經常能看到像是前一頁提到的「海跡湖」形態的水池。甑島列島的上甑島的四池（甑四湖），是海跡湖加上「潟湖」元素的複合形。

數千年前，島上山體崩壞，大量的土砂流入海中，在潮流影響下，形成了長長的沙洲。後來，隨著海面下降，生成了緊鄰海水、背對急峻山勢的四池（海鼠池、貝池、鍬崎池、須口池）。

海水和淡水相混雜 海鼠池也會被漲退潮影響

甑四湖中，最北端的海鼠池，形狀細長，池最深的地方有24公尺，相當深。分隔海和池的沙洲「長目之濱」也長達2公

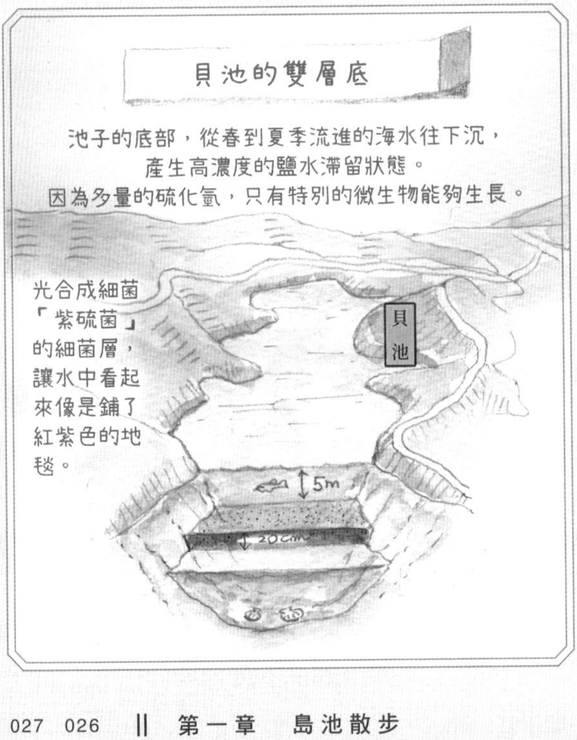
貝池的雙層底
池子的底部，從春到夏季流進的海水往下沉，
產生高濃度的鹽水滯留狀態。
因為多量的硫化氫，只有特別的微生物能夠生長。
貝池
光合成細菌「紫硫菌」的細菌層，讓水中看起來像是鋪了紅紫色的地毯。
5m
20cm

里。在展望台眺望的風景，可謂是壓卷之美。

而且，4個池的沙洲長度，合起來有4公里，比京都有名的天橋立沙洲更長。

海鼠池和大海中間，海水經過沙洲的砂粒隙縫，緩慢地來來去去，比漲潮和退潮晚3到4個小時，受到海洋影響。因爲是混雜了海水的半鹹水域，烏魚、沙鮻等海水魚以外，也棲息著蜆類和珠母。明明不和大海直接相連，聽說也會有突然出現大量海水魚的時候。

池子的名字「海鼠」，日文的意思是海參，在江戶時代從外地引進，現在好像也有繁殖，不過禁止漁獵捕捉。

只有貝池能看見的神祕紅地毯

貝池和海鼠池幾乎連在一起，細小的水路連通兩邊水域。穿過跨越這道水路的橋以後，就能出海。雖然鄰接，又是水脈相連，不過海鼠池和貝池的鹽分濃度不一樣。至於三面環山的鍬崎池則是淡水池，連鯉魚都可生息其中。

貝池水深大約12公尺左右，於6公尺以下的深層，存在著半永久的古老海水層，5公尺以上的淺層，混進了從山上供給的淡水，是會動的活水。在這樣的上下層分界中，全世界只有7個地方看得到的原始的光合成細菌——紫硫菌，密密地繁殖了厚度大約20公分的細菌層。這就像是在池子裡鋪上了紅地毯般不可思議的水中風景。

在科學可以解釋成因之前，島民很害怕貝池，還將這個獨一無二的怪異現象稱爲「貝池的雙層底」。光是神祕景象就容易讓人心生恐懼，這也很自然。

田之尻展望所
可眺望海鼠池與長目之濱的展望台。
海鼠池
長目之濱
江戶時代引入的海參，現在也……。
禁漁。
貝池和海鼠池，以一條細細的水路相連，小小的橋，可以走到海的那一側。從橋上可以發現鰤科和鰕虎的伙伴。

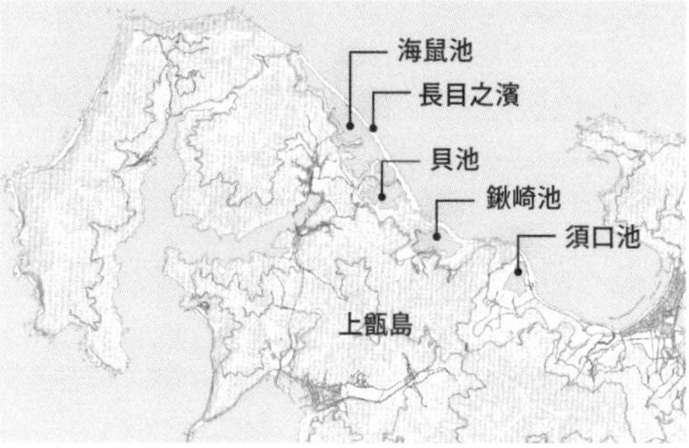
海鼠池
長目之濱
貝池
鍬崎池
須口池
上甑島

海鼠池與貝池

◆ **所在地**／鹿兒島縣薩摩川內市上甑町
◆ **搭船**／上甑島，從川內港到里港，坐高速船大約 50 分鐘。從串木野港到里港，搭高速船約 50 分鐘，渡輪大約 1 個小時 15 分。里港到田之尻展望所大約 10 公里，到長目之濱展望所大約 4.5 公里。

根據國土地理院標準地圖製作

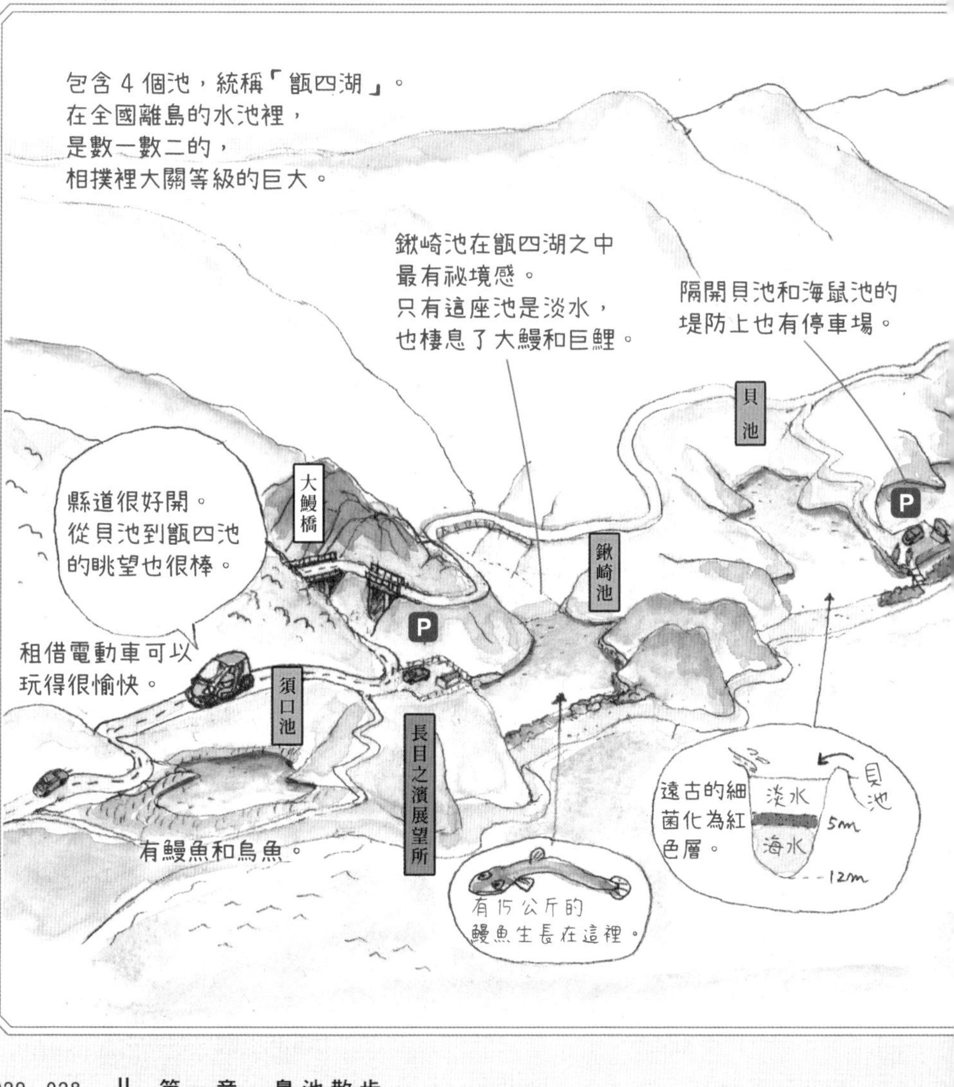
包含 4 個池，統稱「甑四湖」。
在全國離島的水池裡，
是數一數二的，
相撲裡大關等級的巨大。
鍬崎池在甑四湖之中
最有祕境感。
只有這座池是淡水，
也棲息了大鰻和巨鯉。
隔開貝池和海鼠池的
堤防上也有停車場。
貝池
大鰻橋
縣道很好開。
從貝池到甑四池
的眺望也很棒。
鍬崎池
P
租借電動車可以
玩得很愉快。
須口池
長目之濱展望所
遠古的細
菌化為紅
色層。
淡水
海水
5m
12m
貝池
有鰻魚和烏魚。
有15公斤的
鰻魚生長在這裡。

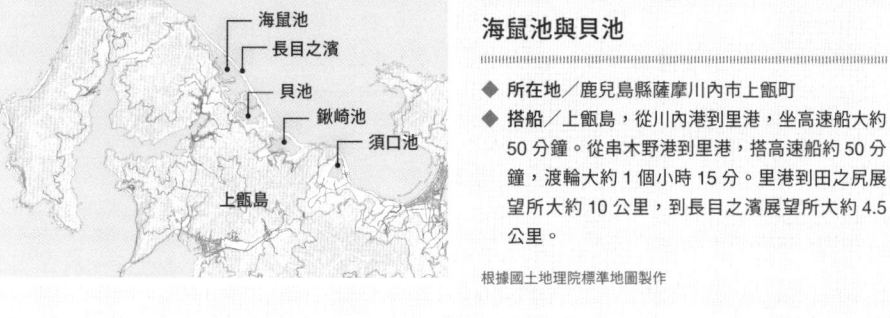

兵庫縣淡路市

持續守護淡路島的「田主」們

路谷池

在水池數量上，有日本地方自治單位的第一和第二名寶座的淡路島。灌溉池必定有保護和管理的人。光看守護池子的人數就知道他們也很辛勞。

供水給下方的水池 像是老大般的灌溉池

兵庫縣淡路市，作爲地方自治單位，是日本擁有最多灌溉池的縣。路谷池，是淡路島北部的主要灌溉池。江戶時代，由領主投入了私人財產築建而成。

路谷池是供給平地灌溉池水源、如同老大般的存在的水池，在中山間部的山谷築堰這一點，也帶著山池的特色（見40頁）。附近以河內水庫爲首，也有水庫規模的大型灌溉池。堤防高度超過15公尺，就能稱爲「水庫」，不禁想到堤高超過15公尺的路谷池是否可以稱爲水庫，但在灌溉池紀錄上所記載的數字是14公尺以上。似乎是測量方式變嚴格，看起來的大小跟算出的結果不一樣。

即使如此，在路谷池後方，有高速公路的高架橋豪爽地開過，左岸邊有連續2個池，右岸也有池子，規模依然十分地大。

灌溉池一定有管理者，古代稱爲「池守」，現在大多由土地改良區農家的地方團體負責。而在淡路島，管理池子的組織，稱爲「田主」，池子不論大小都有田主，領導的代表有世襲的，也有選舉推選出來的。

路谷池的田主代表井戶均先生，管理了池子半世紀，一開始好像是從半山的自宅走路到池子工作。但水流到平地的水田，要花上好幾個小時，他天亮以前就要出門，還要游到池裡拔起水池的栓子。

不用進入池子裡，只要操作把手就能取水的「斜樋」（斜水管）問世時，該有多開心啊。

日文裡將「放乾池水、曬池底」等保育池水生態的方法稱為「掻い掘り」（かいぼり），而在淡路島也稱之為「ごみ流し」（見159頁說明）。電影《播種的旅人：傳說的故鄉》（日本2015年上映）以淡路島為舞台，並以此作為主要題材。

附近的河內水庫，不是由田主管理，是由水利協會來負責。改建時，用在小池裡的預算，由水庫統合管理，這也是時代的潮流了。

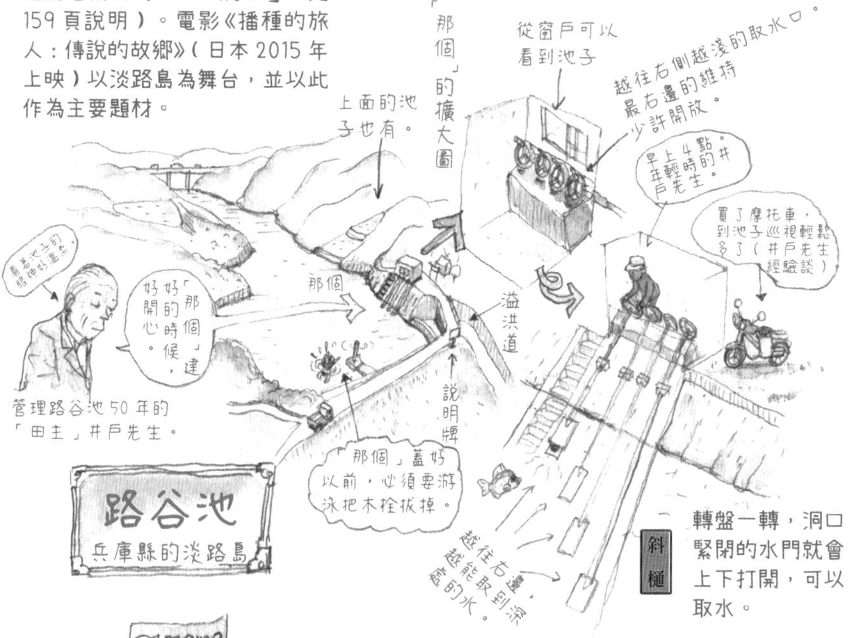

路谷池
兵庫縣的淡路島
「那個」的擴大圖
從窗戶可以看到池子
越往右側越淺的取水口。最右邊的維持少許開放。
早上4點。年輕時的井戶先生。
買了摩托車，到池子巡視輕鬆多了（井戶先生經驗談）
上面的池子也有。
看著池子的眼神好溫柔
「那個」建好的時候，好開心。
那個
溢洪道
說明牌
管理路谷池50年的「田主」井戶先生。
「那個」蓋好以前，必須要游泳把木栓拔掉。
越往右邊，越能取到深處的水。
斜樋
轉盤一轉，洞口緊閉的水門就會上下打開，可以取水。
memo

在淡路島，有個新的做法，因為使用灌溉池的不只是農家，漁業相關人士也會參加放水曬池的活動。他們想把含有豐富氮元素和磷素的泥水，導流入大海，目的是培養海藻和魚貝類。被認定為世界農業遺產的大分縣國東半島，是透過灌溉池，連結農業和水產業，並大受肯定的好例子。

淡路島
路谷池
河內水庫

路谷池

◆ 所在地／兵庫縣淡路市小田
◆ 開車／經由神戶淡路鳴門自動車道，從淡路IC約10.5公里，從北淡IC約11.5公里。

根據國土地理院標準地圖製作

逛逛

島池

島池的表情，隨著島嶼的變化而有所不同。
降雨量少的島，
很多時候爲了支持生活
急需確保水資源，
先人爲此辛苦築造機能性水池。
在此主要介紹能懷想前人功業的
特別的島池。

天然池（沼澤）

鈍嶺池

新潟縣佐渡市高千

佐渡島浮在日本海上，這個水池占據北部的山陵線，孤零零現身。池子周邊是放牧地，長期以來提供牛群貴重的飲用水。雖然現在也是野營場，不過這裡發生過悲慘的故事。曾有個女性，希望她上戰場的未婚夫平安歸來，在池邊進行潑冷水祈禱儀式，結果滑進水池深處失足死了。聽說會有手掌從水面伸出來摸人的手。後來出征的男人也戰死了，所以這個故事和一般傳說及老故事都不一樣，既沒有救贖也不帶任何道德教訓，就只有強烈的眞實感。

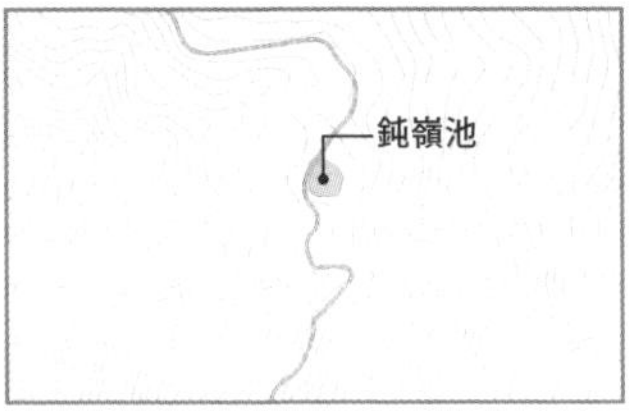

根據國土地理院標準地圖製作

人工池（鹽田遺跡）

伯方島的鹽田遺跡池

愛媛縣今治市伯方町木浦

1971年日本發布新法（鹽業近代化臨時措置法）後，全國的鹽田暫時停業，不過，在生產堪稱鹽的代名詞「伯方鹽」的伯方島上，還留下好幾個曾經是鹽田的大池。鹽田遺跡池，在伯方島以外，也可以在沿海地區見到，其中也有順利步上第二春，轉型成養蝦或養牡蠣的水池。「伯方鹽」的原料其實是外國來的進口鹽，但因他們爲鹽田努力的心意和加工技術上的執著，於是取了這個名字。

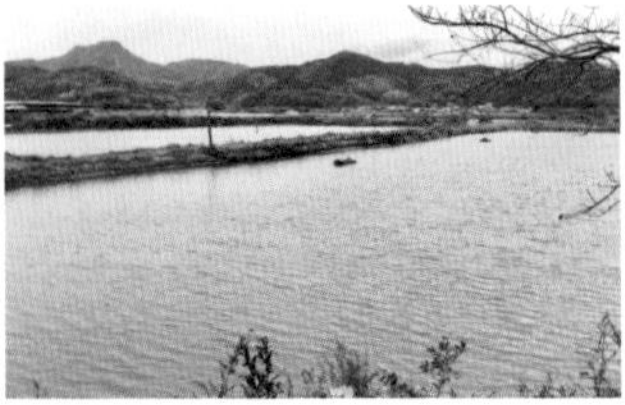

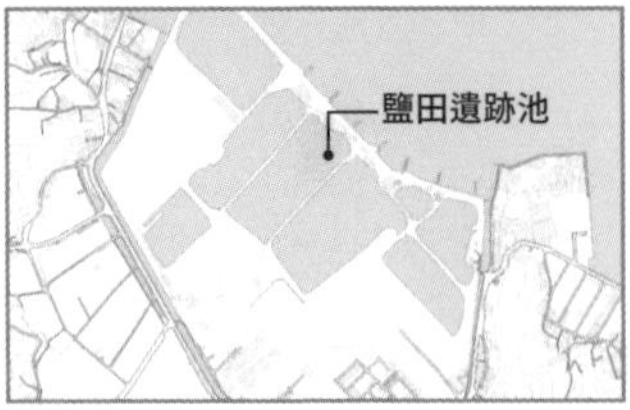

根據國土地理院標準地圖製作

人工池（採掘遺跡）

馬越丁場池

岡山縣笠岡市北木島町

瀨戶內海上的離島，北木島。從岡山縣笠岡港坐渡輪或客船，只要1小時的航程。島上從以前就是生產優良石材的切石島，深深掘挖出的採石場遺跡，不知何時積存了水，出現了被稱爲「丁場湖」的水池，「丁場」在日文意指採石場。雖然說是人工池，但不是爲了必要而打造出來的水池。在採石場很常看到這種類型的池子。靜謐的池子上，伸出了被拋棄的怪手，是被廢墟感包圍的空間。

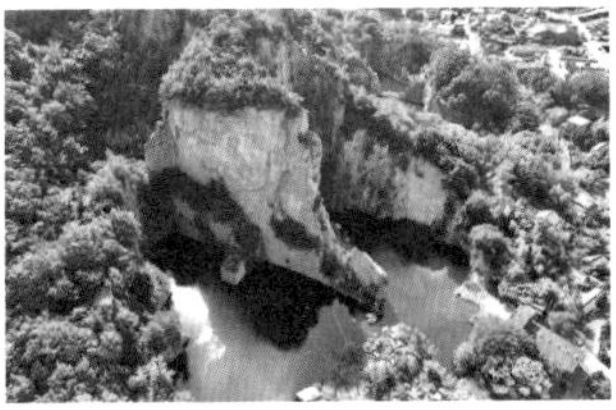

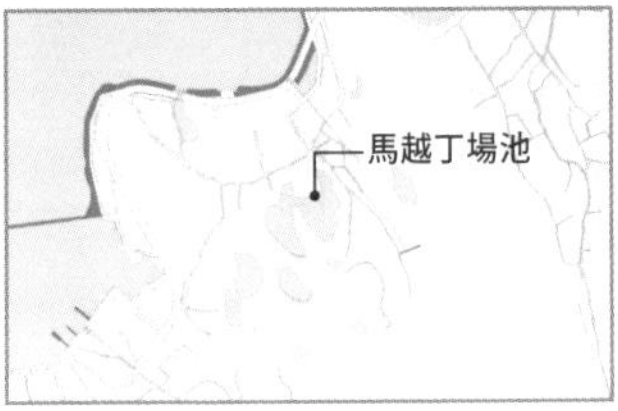

根據國土地理院標準地圖製作

天然池（潟湖）

青海湖

山口縣長門市仙崎青海

山口縣最大的淡水湖，位在日本海上因捕鯨曾繁盛過的青海島。雖是海島，利用青海大橋就可以從陸路到達。和大海隔著「波之橋立」細細的沙洲，背對農地和山的青海湖，是典型的潟湖（見26頁）。夏天岸邊開著蓮花，沙洲上的步道沿途種滿了黑松。湖的內陸側的平坦地帶是農地，湖畔也看得到取水設備類的設施。似乎在農用的水利上好像也幫助。

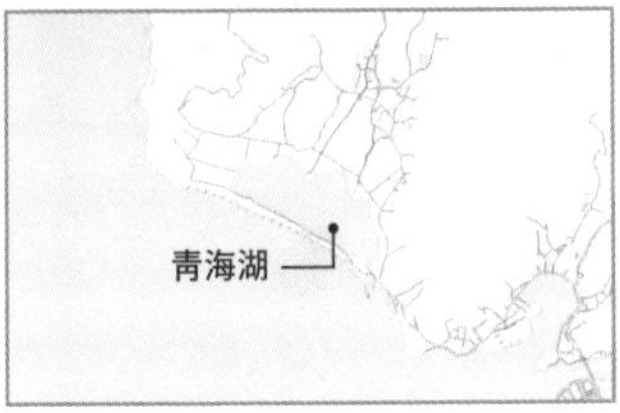

根據國土地理院標準地圖製作

人工池（灌溉池）

蛙子池

香川縣小豆郡土庄町肥土山

浮在瀨戶內海上的小豆島，在日本國內算是少雨地區，取水的辛酸說都說不完。蛙子池是江戶初期當地的村長投入個人財產，在台地狀的高台上建造的。南側邊緣的陡斜面、現在的中山千枚田滿是青青田水，總算是回報了先人的辛苦。作爲支撐小豆島農業的代表性灌溉池，也被選入了「灌溉池百選」。因爲在平坦的台地上，直線型的長長堰體很有特色。堤上並排的石碑和池中的佛塔，很有意境。

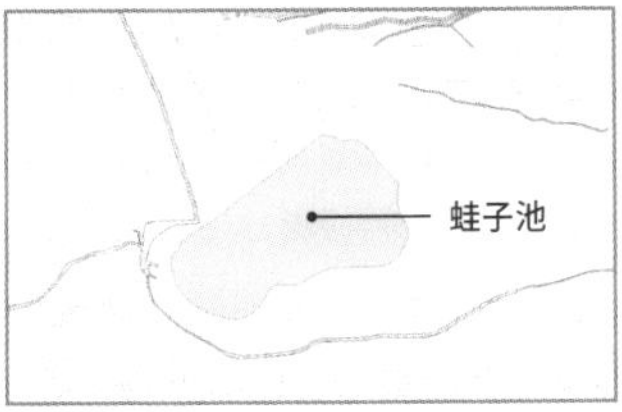

根據國土地理院標準地圖製作

天然池（海跡湖）

大蛇池

熊本縣天草市魚貫町

也被稱爲池田池。古來就有大蛇棲居的傳說（見84頁），這條大蛇要跨過約8.5公里的距離，前往海另一邊的阿萬之池看戀人，但因爲牠通過時，陸路會大亂，所以在牠行經的路線上，人們蓋了日輪碑阻止牠前進，這回牠從海路走，海霧又增加了。於是就在海上突出的岩石也刻上了日輪。聽說這裡的池水即使儲存在船上，也不會腐壞，所以船夫們都非常珍惜。

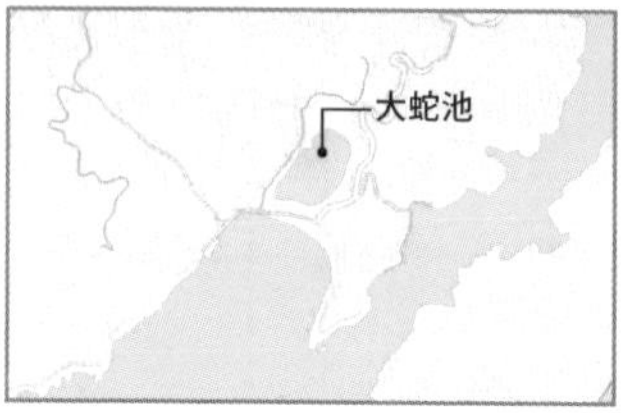

根據國土地理院標準地圖製作

人工池（灌溉池）

明神池

香川縣小豆郡土庄町豐島唐櫃

豐島和同屬瀨戶內海的直島齊名，都是藝術之島，近年很多外國觀光來訪。豐島的明神池，是築造在從海岸斜坡層層往上的梯田的水池。話雖這麼說，梯田曾經廢棄過，正在進行中活化計畫。不知是不是梯田活化的一環，池子的護岸正用水泥修葺中。這也顯示了，被放棄過一次的農地和水路網要再生並非易事，需要花費數十年。

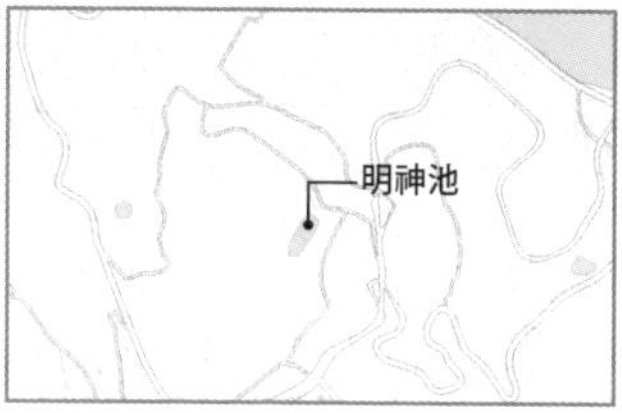

根據國土地理院標準地圖製作

人工池（灌溉池）

寄合池

兵庫縣淡路市山田乙

作爲地方自治單位，兵庫縣淡路市是日本全國擁有灌溉池數量的第一名。寄合池所在的山田地區，即使在池之王者的淡路市裡，也是屈指的灌溉池密集地區。淡路島的灌溉池很少轉型爲親水公園，但寄合池備有停車場、廁所，在親水型護岸上還能輕鬆觀察野鳥和釣魚。而且在蓄水功能、親水機能以外，還兼有小規模的洪水調節功能。除了國營和縣營的多目的水庫，這種多功能的水池很稀有。

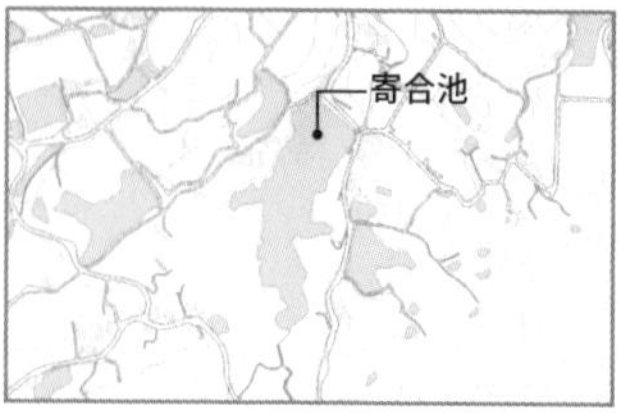

根據國土地理院標準地圖製作

天然池（沼澤）

牛島之池神社

香川縣丸龜市牛島

流傳著牛鬼傳說的島，名字也叫牛島。島的中央部分，周圍只有4公里，被山和海環繞著，像是諸神的庭園，外圈1公里左右、美麗的溼地面朝大海展開。這片溼地上點綴著大大小小的池子，高處的山麓上蓋了「池神社」。位於日本少雨地區的瀨戶內海上的小島，竟然廣布這樣的溼地和水池，只能說神祕極了。

根據國土地理院標準地圖製作

人工池（貯水池）

屋代湖

山口縣大島郡周防大島町東屋代樫原

經由大島大橋以國道和本州連結的周防大島，島名就照樣成爲現今的町名，不過，從萬葉的久遠時代傳下來的正式名字是屋代島。被島內唯一的水庫截流的屋代湖，在群衆公募下選出了這個優雅的名字。雖然缺水問題很迫切，不過一旦下了雨，又容易致洪，爲了對應這個難解的土地問題，營造了豪華的堆石壩水庫。屋代水庫有停車場和遊樂設施都很完備的公園。

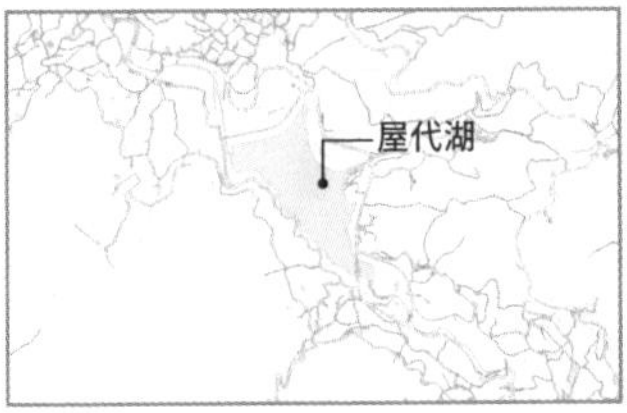

根據國土地理院標準地圖製作

人工池（灌溉池）

Kanjin 貯水池

沖繩縣島尻郡久米島町上江洲

久米島的 Kanjin 貯水池，是截取伏流水的地下水庫的一種。又截取了地下水，又從河川收集表層水的複合蓄水池，也是世界第一個地表滿水型地下水庫。池畔植有18世紀初期祭祀農業之神時種下的五枝之松（國指定天然紀念物）和沖繩地方的水井「大井戶」（產川），這裡是潤澤了久米島農地的重量級存在最適合的地點。也被選入「灌溉池百選」。

根據國土地理院標準地圖製作

得從上空看才看得懂？形狀有點奇妙的池子

在日本，有些池子的形狀本身就很特別。在航空照或地圖上看來，池形不可思議到會讓人以為是誰要捎給宇宙的訊息。

心形池很受情侶歡迎，不過說到貓頭鷹、古代魚、侵略者、飛機、日本列島，都不知道算是什麼訊息了。有些是在建造池子的時候，有意造出奇怪造形的怪物，也有因為完全的偶然，結果看起來像是別的什麼，怪池五花八門。同樣的是，即使特地去看，只要站在池邊，因為池子總是更巨大，在現場不會對池形有實際感受，似乎有點諷刺。

Kasaragi 池（三重縣度會郡南伊勢町）

伊勢志摩公園裡，沉降式海岸各處散布了有名或無名的海跡湖。從鵜倉園地的展望台眺望 Kasaragi 池，可以看得到它是愛心形狀的。

貓頭鷹池（北海道上川郡東川町）

從空中看起來像是貓頭鷹，所以是貓頭鷹池。但是有耳朵，所以不是貓頭鷹，應該是角鴞？

滲透實驗池（千葉縣木更津市）

從空中看宛如古代魚的魚頭。魚眼部分是滲透實驗池。在經濟高度成長期，為了確保工業用水，在此進行過滲透實驗。

侵略者池（琦玉縣越谷市）

讓人想起侵略者電玩的不可思議形狀。是日本宮內廳所有和管理的養鴨場之一，用來鷹獵和獵鴨特殊用途的池子。

飛機型池（大阪府泉南群岬町）

多目的公園「活力 Park 三崎」境內的水池。這個地方原本是山，削堀下來的土方用來填海作為關西機場的跑道。

昆陽池（兵庫縣伊丹市）

池子正中央築造了模擬日本列島的人工島。當然，只能從上空確認，就算站在池邊也無法看出它的形態。

此頁的照片，除了「Kasaragi 池」和「飛機型池」這兩張，其他張皆為日本國土地理院的空拍照。

大自然所生成的奇蹟水岸

山池散步

第二章

位於山頂或山麓的水池，
許多都未經過人工改造。
正因無法輕易前往
會讓人感到格外神聖。
自然奇蹟所生出的山中池
擁有強大的神祕力量。

山池 六

奧日光的百大名山・二峰山道中的閃光

五色沼與小田代湖

日本山岳愛好者奉爲聖經的《日本百名山》、深田久彌的名著中，許多湖沼也在其中登場。巡遊奧日光2座「百名山」湖沼的話能看到山的另一種樣子吧。

栃木県日光市

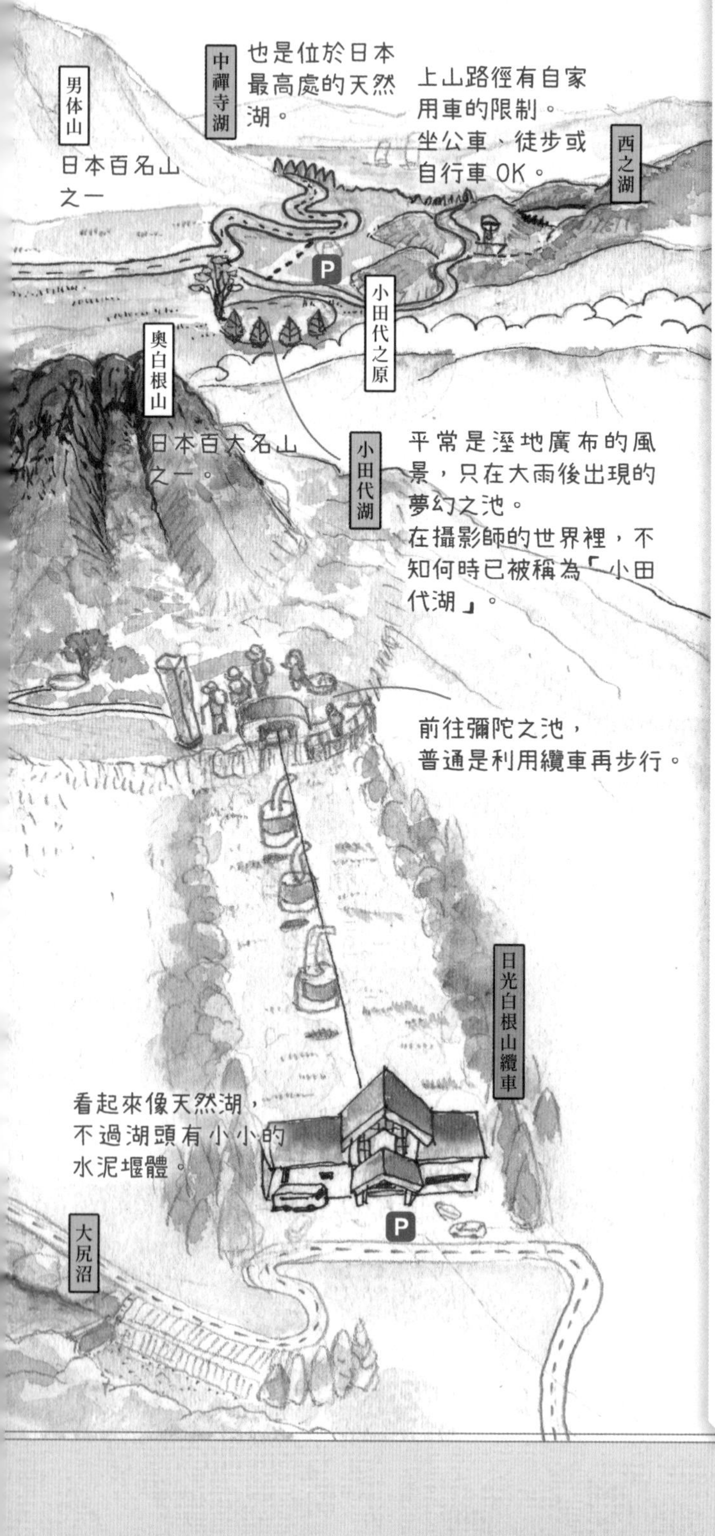

男体山
日本百名山之一
中禪寺湖
也是位於日本最高處的天然湖。
上山路徑有自家用車的限制。坐公車、徒步或自行車 OK。
西之湖
P
小田代之原
奧白根山
日本百大名山之一。
小田代湖
平常是溼地廣布的風景，只在大雨後出現的夢幻之池。在攝影師的世界裡，不知何時已被稱為「小田代湖」。
前往彌陀之池，普通是利用纜車再步行。
日光白根山纜車
看起來像天然湖，不過湖頭有小小的水泥堰體。
P
大尻沼

刈込湖
切込湖
將「湯元溫泉P」或「光德沼P」作為據點，登山時可順便挑戰的池子。
蓼之湖
湯元溫泉
光德沼
戰場之原
泉門池
120
湯之湖
金精隧道
五色沼
彌陀之池
從菅沼登山口到彌陀之池的路線是陡坡。
冬季禁止通行的國道。
菅沼登山口
菅沼
有SUP標準立槳、釣魚遊程（須預約）。
停車場很容易看漏錯過。從停車場旁可以步行至水庫下方。
丸沼水庫擁有日本少見的扶壁式水庫的堰體。是國內最大的扶壁式水庫，「丸沼堰體」也被指定為日本重要文化財。（見108頁）
丸沼
丸沼和大尻沼本來都是天然湖沼，被改造為水力發電用的蓄水池。
從桶製筏上可以仰望堰體。
巨大的日本白鯽和鱒魚棲息其中，是釣客人氣地點。

memo

五色沼，根據《日本百名山》書中的〈日光山志〉篇章所述，是被安上「魔湖」之名的火口湖，「四周高山環繞，湖水深深，自帶悽愴之趣，令人著魔」。

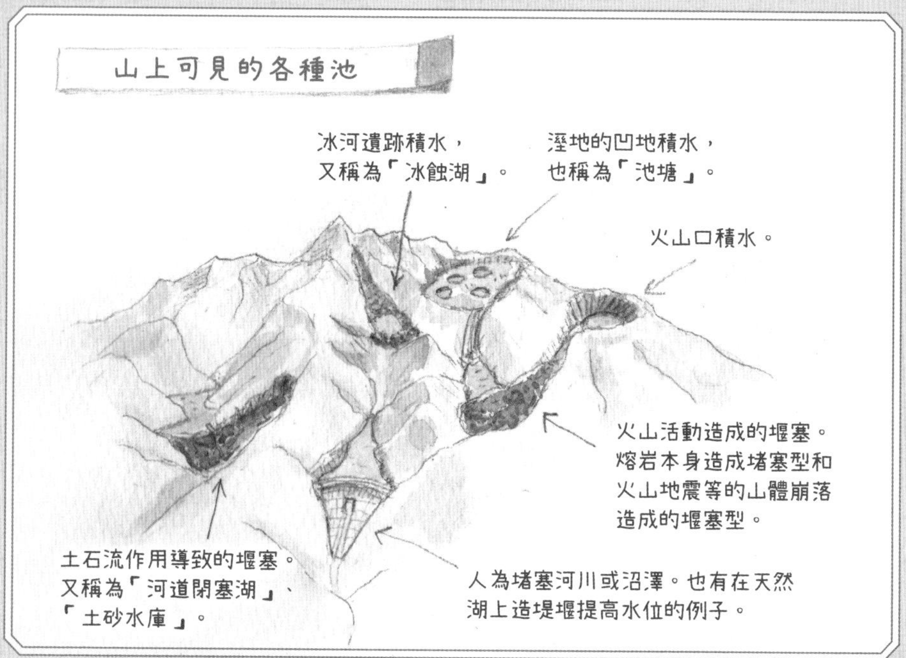
山上可見的各種池
冰河遺跡積水，
又稱為「冰蝕湖」。
溼地的凹地積水，
也稱為「池塘」。
火山口積水。
火山活動造成的堰塞。
熔岩本身造成堵塞型和
火山地震等的山體崩落
造成的堰塞型。
土石流作用導致的堰塞。
又稱為「河道閉塞湖」、
「土砂水庫」。
人為堵塞河川或沼澤。也有在天然
湖上造堤堰提高水位的例子。

位於山頂附近 莊嚴的天空之水

從日光的紅葉坂往上，最初迎接旅客的是中禪寺湖。然而所謂「日本最高湖」的宣傳詞，並不一定正確。但是，如果說到中禪寺和男体山的和諧，連名著《日本百名山》的作者深田久彌都會擧雙手讚美，「只能說是上天的造型藝術傑作」。中禪寺湖，臨近紅葉極美的西之湖和有溫泉水流入的湯之湖。

冬季禁止通行的金精峠再往前卽是菅沼、丸沼和大尻沼，海拔越來越低。原本都是天然湖泊，爲了改建成水力發電的蓄水池，建設了堰體。像這樣天然和人工的複合池，支撐著人們的生活。

又被稱爲日光奧之院的奧白根山，是關東以北的最高峰。在山頂前的山道上，有如同溫馨迎接登山客、橫陳著像是小庭園般的彌陀之池。眼前聳立著奧白根山脈的雄偉之姿和擁有綠洲般水濱的池子，兩者調和的景象，神聖無比，何似在人間。

從彌陀之池稍步行，會看到在《日本百名山》中有「魔之湖」別名，用「悽愴之趣」來表現的五色沼，帶有魔性的美，也是一種獨特。

數年才會現身一次 被譽爲「幻之池」

在2018（平成30）年的24號颱風帶來的大雨過後，
於奧日光的小田代之原上，
出現了繼2011（平成23）年以來，睽違了7年的
小田代湖。
小田代溼地，被登錄在
拉姆薩公約中的保護溼
地中。

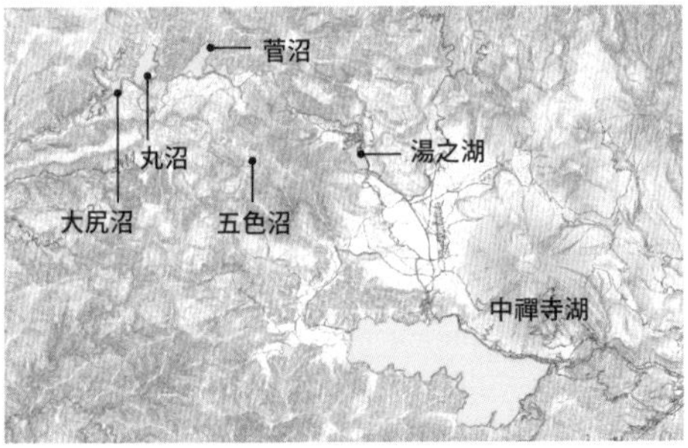
菅沼
丸沼
湯之湖
大尻沼
五色沼
中禪寺湖
根據國土地理院標準地圖製作

五色沼與小田代湖

- 所在地／栃木縣日光市湯元‧日光市中宮祠
- 電車／五色沼，從 JR 東日本日光線日光站約 37.5 公里，東武鐵道日光線東武日光站約 36 公里。
- 開車／五色沼，由日光宇都宮道路清滝 IC 大約 30.5 公里。

在奧白根山的北側山麓，延展出大片溼地——小田代之原。此地有著每隔幾年才會出現一次、在大雨之後現身的「幻之湖」，雖有此一說，實際上也只是溼地氾濫的暫時現象而已。但風景攝影師們懷著憧憬，將這個翹首渴望的好題材，硬稱爲「小田代湖」。

同樣的「幻之池」，還有高知縣室戶市的池山池（189頁）和靜岡縣濱松市的池之平等。池山池雖說是幻之池，也記載於日本國土地理院的地圖上。在日本全國的山中，應該還有許多未知的「幻之池」吧。

四十八池與琵琶池

夢幻之池「志賀池」所遺留下、如星雲般的志賀高原水池群

長野縣下高井郡山之內町

開展在志賀山麓的四十八池和溼地的泥炭層造成的60個池塘。
這些志賀高原水池群最大的大沼池是隨著角度水色也會變化的神祕池泊。

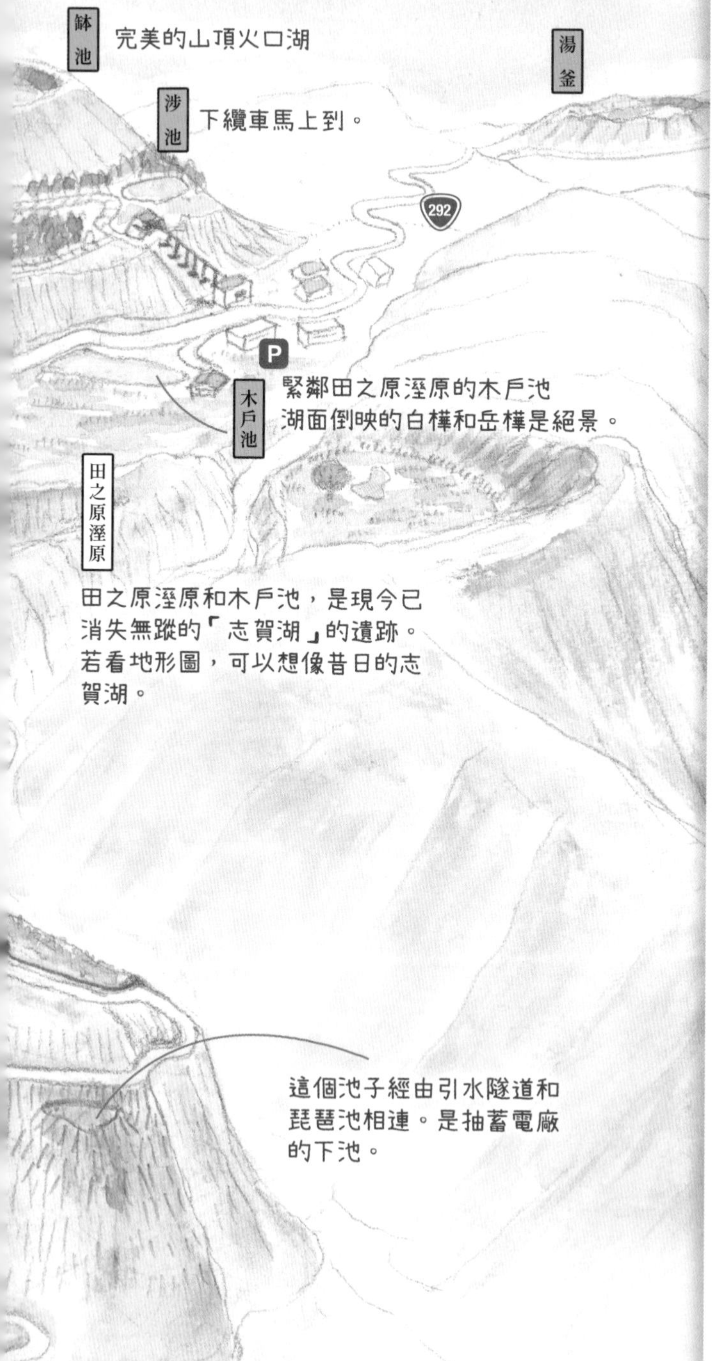
鉢池
完美的山頂火口湖
湯釜
涉池
下纜車馬上到。
292
P
木戶池
緊鄰田之原溼原的木戶池
湖面倒映的白樺和岳樺是絕景。
田之原溼原
田之原溼原和木戶池，是現今已
消失無蹤的「志賀湖」的遺跡。
若看地形圖，可以想像昔日的志
賀湖。
這個池子經由引水隧道和
琵琶池相連。是抽蓄電廠
的下池。

志賀高原池群的王者之風。
不同角度會看到不同的顏色。
鈷藍的水色映著深紅鳥居。
也有黑姬與大蛇的傳說。
志賀山
鉢山
大沼池
四十八池
位於志賀山和鉢山中間。
溼地上的水池群多達60個。
葫蘆池
長池
上之小池
三角池
志賀高原水池
巡禮的據點。
蓮池
丸池
丸池設有取水
堰，水路連結
至琵琶池。
琵琶池
琵琶池也是天然湖，
不過不是熔岩堰塞
湖，是因為此處絕妙
的地形而蓄了水。這
一側有取水口，透過
地下引水隧道進行水
力發電。
一沼
水無池
橫湯川
水源是大沼池。
292

志賀山與四十八池
實際上有60幾個池塘。
2040m
裏志賀山
逆池
清水口
到大沼池要50分鐘
志賀山
2035m
鬼之相撲場池
黑姬池
釜池
志賀小池
元池
大沼池
四十八池溼原
1890m
鉢池
鉢山
2041m
涉池
四十八池
分支
前山溫泉
分支
前山夏季纜車
葫蘆池
長池
上之小池
三角池
木戶池
蓮池
志賀第一號隧道
下ノ小池
店很多

巨大的消逝之湖
化為無數星屑之池

從有名的草津溫泉往國道292號再往上，接近山道關口，這裡的有毒氣體讓草木都乾枯了。旁邊是名列百大名山的草津白根山的湯釜和弓池，從日本國道最高地點往下不久，很快就能看到明朗開闊的高原。

志賀高原上，接近海拔1900公尺的溼地散布的四十八池以外，還有大大小小超過70個的眾多水池。

日本的山地大多像這樣，池子的產生是因為火山活動。20萬年前志賀山大爆發流出的熔岩，堰塞了山北和山南的河川（見40頁），各自在南側和北側生成了志賀湖和大沼池。

反諷的是，生出志賀湖的熔岩，之後又將它掩埋了。巨大湖的殘跡，變成了田之原溼原和木戶池。

志賀湖消失後，大沼池取而代之，成為志賀高原上最大的水池，是因為和其他池子隔著距離嗎？它深奧靜定，讓人感到遺世獨立。

湖畔的鳥居倒映在鈷藍池水上，據說隨著角度不同，顏色也會發生變化——從上面看的時候，是會讓眼睛一亮的深藍色，不過下了水邊一看，透著淡淡的綠色。

因為它的神祕感，誕生了許多傳說。在眾多傳說中相同的部分有黑姬與黑龍（大蛇）的出場，另一個是因怨恨人類，所以破壞了四十八池。美女和大蛇的出場，根本是水池傳說必定出現的元素（見84頁），不過光看現在的四十八池，好像沒有可以沖毀人間界的水量。從前是不是將大沼池和其他池子合起來，稱爲四十八池呢？人間界苦惱於洪水之患，倒是眞的。

池水顏色特別的池子

神之子池（北海道）	也稱為「神之子藍」。
青池（北海道）	偶然的產物，1997（平成9）年左右發現的，鈷藍色。
十二湖（青森縣）	世界遺產，「青池」般流著藍色墨水的顏色。
四萬湖（群馬縣）	被稱為「四萬藍」。
血之池（群馬縣）	因為出現大量水蚤所以變紅。
血之池（大分縣）	正紅色。（見166頁）

水池的顏色
應該是天空色的

透過水池改造轉爲農業與發電的利水用途

志賀高原末端附近的琵琶湖，大小僅次於大沼池，不過成因不同，是因爲火山活動的地形變化而形成的。雖然是天然湖，不過鋪設了地下引水路。也看得到溢洪道。

而且，國道對面的丸池也有水門，由水泥製的水路往下注入琵琶池。聽說曾經想提高琵琶湖的水位用來做水利設施，不過池中有岩石到處滾來滾去，漏水也很嚴重，還有環境問題和水權等糾葛，看來是難以實現。

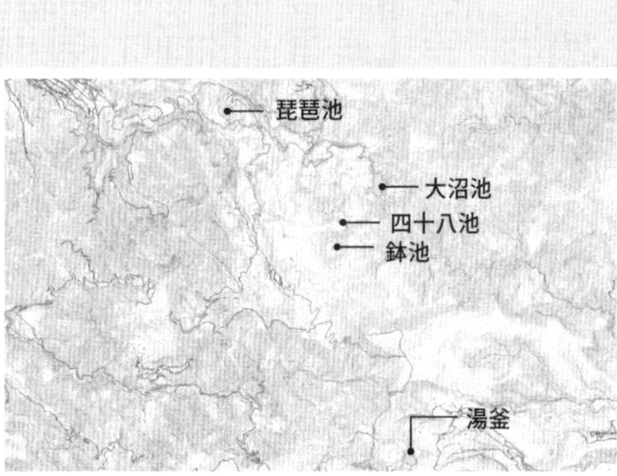

琵琶池
大沼池
四十八池
鉢池
湯釜

四十八池與琵琶池

- 所在地／長野縣下高井郡山之內町平穩
- 電車／琵琶池，從長野電鐵長野線湯田中站出發約14公里。
- 開車／琵琶池，從上信越車道信州中野IC出發約24公里。

根據國土地理院標準地圖製作

山池　八

穿過百大名山・霧島的「火口湖」博物館

白紫池與大浪池

通常，水池都比周邊地勢更低。
在霧島，像是嘲笑這種常識般在山頂上集結了形狀奇異的水池。

宮崎縣蝦野市鹿兒島霧島市

高千穗峰
山頂是「天孫降臨之地」？
1574m
御池
觀光化以後
很容易造訪。
御鉢
小池
新燃岳
新燃池
因為平成火山噴發
而消失？
琵琶池
1344m
大浪池
也是日本最高的火口湖。
1241m
無限延伸的階梯，
雖然好走
根本像是參拜池子的
修行。
P
沿著縣道到大浪池登山口。
有停車場和公共廁所。
蝦野岳
1292m

memo
火口湖的魅力，不只在強烈又簡潔的形狀，還有池水的顏色。有時候，會將池色或湖色比喻為「魔女之瞳」或「龍之眼」等讓人印象深刻的顏色，多半是因為地形使然——池水容易溶入火山性礦物。

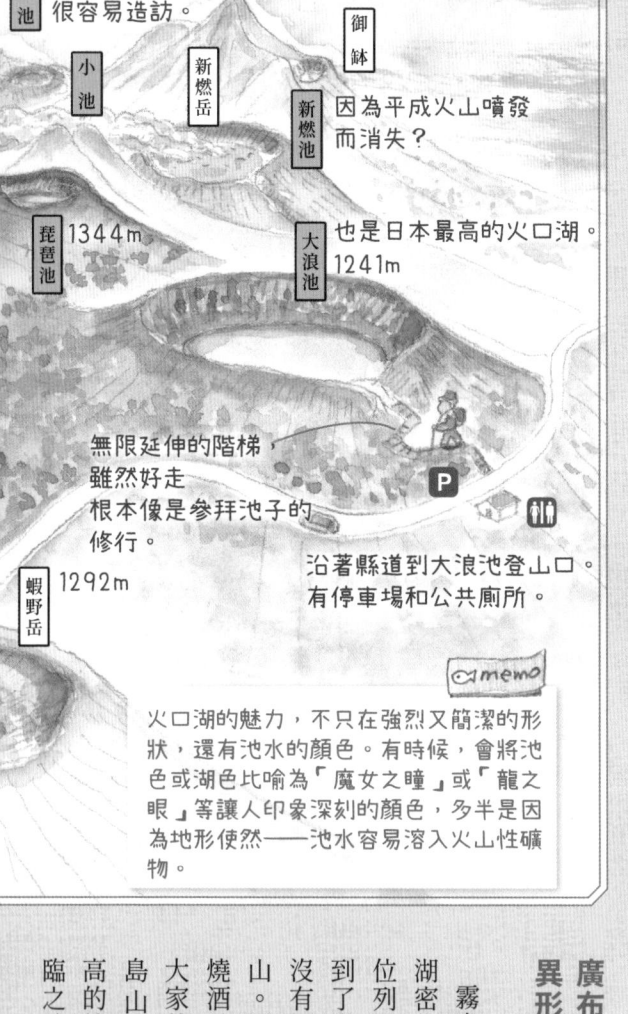

廣布在天孫降臨之地異形之池的巢穴

霧島是日本第一的火口湖密集地帶。「霧島山」位列百大名山之一，不過到了當地，會疑惑其實並沒有一座名爲「霧島」的山。因爲當地的土雞和芋燒酒品牌，霧島在日本是大家熟悉的山名，其實霧島山是由1700公尺高的韓國岳和有「天孫降臨之地」之稱的高千穗峰

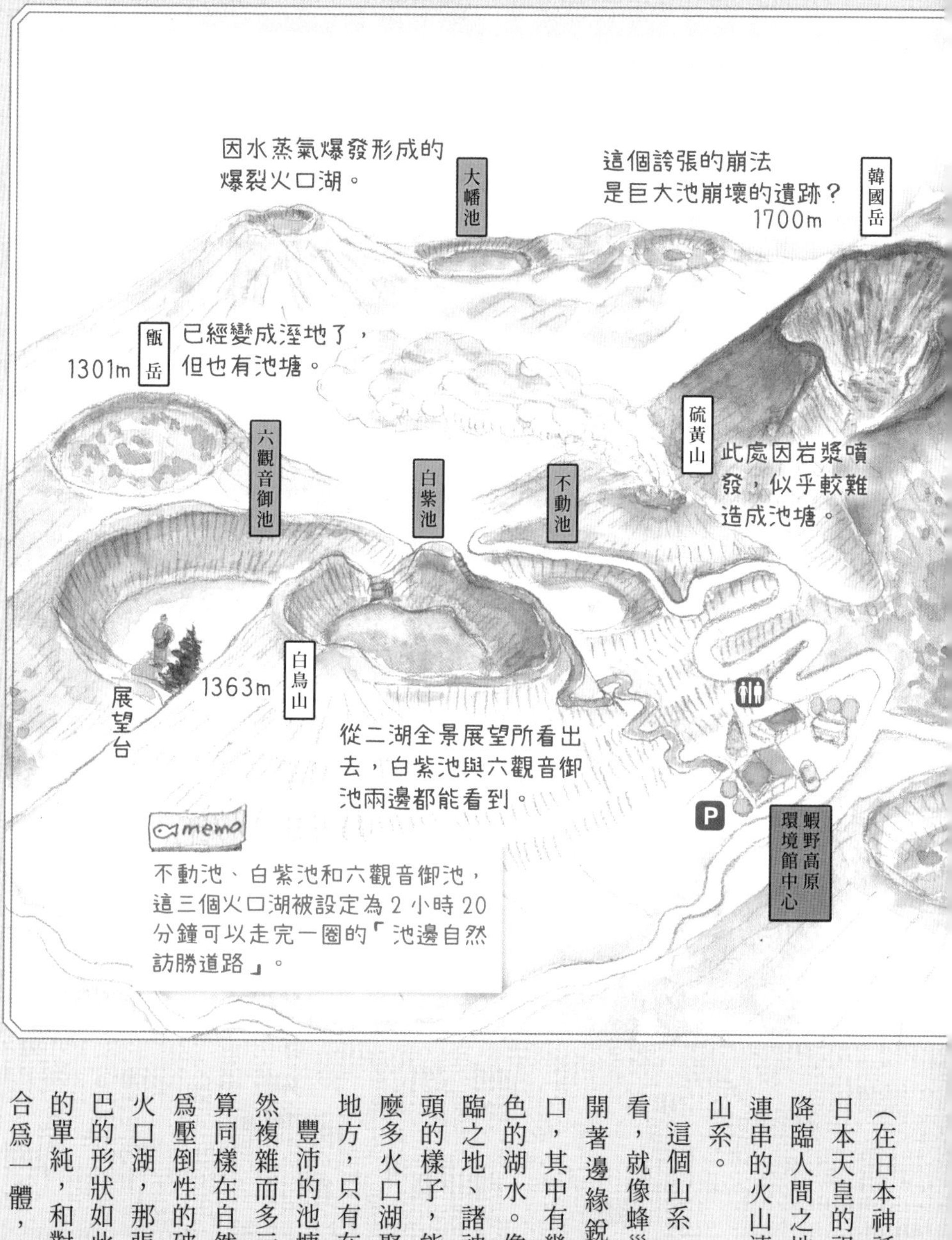

（在日本神話中，這裡是日本天皇的祖先「天孫」降臨人間之地）等等，一連串的火山連峰所組成的山系。

這個山系，從空中往下看，就像蜂巢一樣，到處開著邊緣銳利的圓形洞口，其中有幾個湛滿著青色的湖水。像是在天孫降臨之地、諸神之池頭靠著頭的樣子，能一次看到這麼多火口湖聚集在同一個地方，只有在這裡了。

豐沛的池塘帶來了大自然複雜而多元的獎賞。就算同樣在自然環境裡，因爲壓倒性的破壞而誕生的火口湖，那張著大大的嘴巴的形狀如此單純。那樣的單純，和對自然的敬畏合爲一體，吸引了很多人。

火山口底部深，火口岩石邊緣較銳利的，是年輕的火口湖。經年累月下來，平緩的火口壁長出茂盛的樹木，原本銳利的形狀也會崩坍。

再經過更長的時間之後，當火口壁的一部分崩落，積水流掉，也會呈現出溼地的樣貌。那種地方有時會隱藏著小小的池塘，可以期待意料之外的邂逅。

相反的，噴煙不斷的新火山口的底部，裸露的岩石顏色看起來都很毒。同樣的火口，有充滿火山氣體的死之荒原，也有棲息了多種動植物的溼地，在不同的火山口型態中，火口湖也是其中之一。

高度日本第一的大浪池和有人工堰體的白紫池

在火口湖的巢窟裡算是老兵等級的白紫池，和不動池、六觀音御池同樣屬於「池邊自然訪勝道路」的景點，可以很輕鬆地巡訪火口湖。

冒著煙的硫黃山就在眼前，像是和新來的人毫無關係一般，只有微風輕輕搖蕩著靜謐的湖面。水深不太深，只有100公尺左右，因爲冬天會結冰，到1980年代好像還可以溜冰。

從白紫池的火口壁一角，可以眺望就位於下方的六觀音御池。兩池的中間像被挖空了，看起來像是葫蘆的形狀。這個凹陷的部分，設置了水泥製的人工堰體。大量的水流若繼續削鑿池壁，有一天白紫池也會消滅。這座堰體就是爲池子續命而蓋的。

大浪池的水面在海拔1239公尺處，作爲長期溢滿水的火口湖，是日本海拔最高的——雖然有這種宣傳，不過韓國岳山頂附近的琵琶池比大浪池還高100公尺左右。不管所謂的日本第一了，大浪池威風堂堂的品格是不會動搖的。新燃岳火口的新燃池，因爲2011（平成23）年的平成大噴發消失了。那也是火口湖的命運。

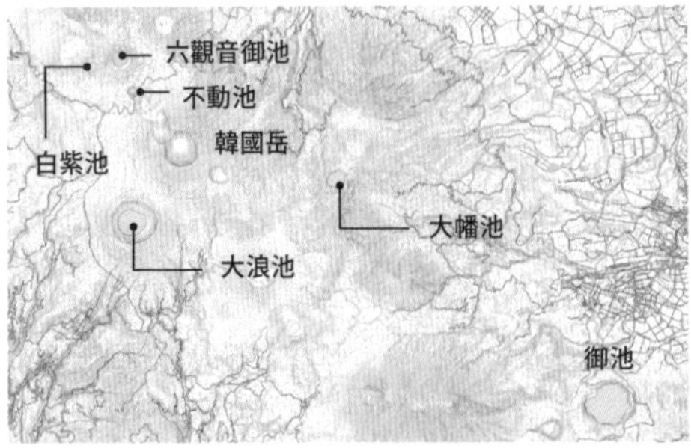

白紫池與大浪池

- ◆ 所在地／宮崎縣蝦野市末永、鹿兒島縣霧島市牧園町高千穗
- ◆ 電車／大浪池登山口，從 JR 九州日豐本縣霧島神宮站出發約 12 公里。
- ◆ 開車／白紫池，從九州車道蝦野 IC 出發，抵達蝦野高原的環境館中心，大約 22 公里。從環境館中心到大浪池大約 3 公里。

根據國土地理院標準地圖製作

山池 九

無數人命換取的裏磐梯之淚

毘沙門沼與銅沼

福島縣耶麻郡北鹽原村

混合了以毘沙門沼爲首的繽紛五色沼系池群，和被稱爲「銅沼系」的赤系統池群。擁有表裡兩副面貌的磐梯山地形所生成的，多樣化的湖沼共演，只能說是壓卷之作。

一天以內誕生了超過了300個天然池

湖周長37公里，以檜原湖爲首，共超過300個湖沼，像是寶箱一樣散落在裏磐梯。不過，130年前，此地既不存在檜原湖，也不存在300個湖沼。那裡有的只是，佇立在廣大原生林之間，爲了要尋找優質木材而移居的木材師的小聚落。

1889（明治21）年7月15日上午7點半，磐梯山的爆發引起了地震衝擊，一座山峰完全崩落。相當於一座大山的土石岩層往下奔流，襲擊人們所居的村落，吞食了5個聚落和477條人命。取而代之，誕生了檜原湖和300個湖沼。

生成和形態各異火山造就的水池

即使都屬於火山活動形成的水池，志賀高原的池群（42頁）、霧島的火口池群（46頁）、裏磐梯的池群，成因都各自相異，看起來也不一樣。

志賀高原的水池之所以形成，熔岩流是主要原因，霧島是噴火口，上面就積了水。說到裏磐梯，是水蒸氣爆發和火山性地質引起的山崩和土石流，堵塞了溼地和河川，形成了水池。

豬苗代湖這側仰望的磐梯山，看起來山容平和又有重量感，從另外一邊的檜原湖看來，印象完全不一樣。慘痛的掘挖傷痕，現在看來還是讓人膽顫心驚。

像是打開了三面鏡般，被崩壞壁包圍的銅沼，佇立在眼前。帶點紅的池水，如同清洗了傷痕一樣往下流，爲山麓的五色沼添了顏色。

水色也五彩繽紛——天然池「五色沼湖沼群」

台地上大規模散布的檜原湖、秋元湖、小野川湖等「裏磐梯三湖」都各自修築了人工堰體，也有水力發電設施。

另一方面，五色沼是接近崩面的山麓上，所散布的大小30個天然湖沼的總稱，毘沙門沼、弁天沼、琉璃沼等，顏色多彩多姿，吸引了不少觀光客。確實，有青綠色的、也有褐色的、還有綠紅相混般的顏色等，繽紛多姿。在學理上，因爲水質和生物層而產生的顏色差異，可以大概分成銅沼系和五色沼系2大類的4個群。

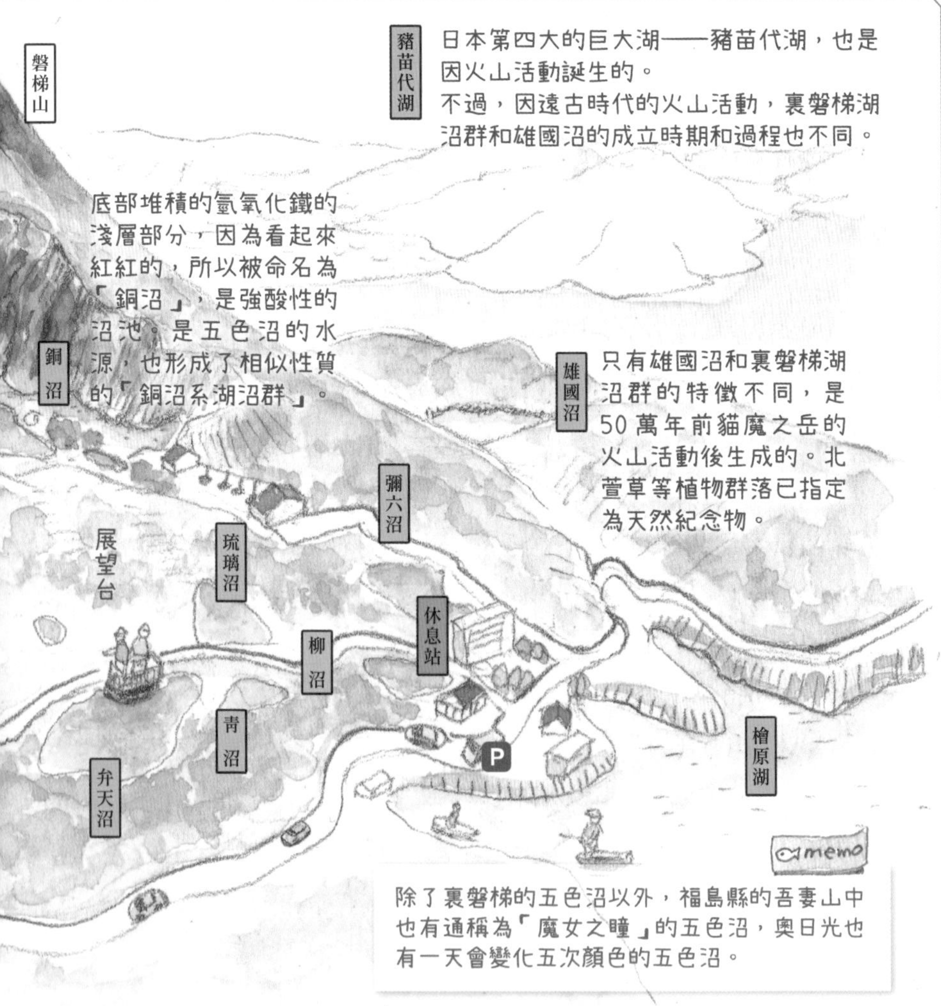
磐梯山
豬苗代湖
日本第四大的巨大湖——豬苗代湖，也是因火山活動誕生的。
不過，因遠古時代的火山活動，裏磐梯湖沼群和雄國沼的成立時期和過程也不同。
底部堆積的氫氧化鐵的淺層部分，因為看起來紅紅的，所以被命名為「銅沼」，是強酸性的沼池。是五色沼的水源，也形成了相似性質的「銅沼系湖沼群」。
銅沼
雄國沼
只有雄國沼和裏磐梯湖沼群的特徵不同，是50萬年前貓魔之岳的火山活動後生成的。北萱草等植物群落已指定為天然紀念物。
彌六沼
展望台
琉璃沼
休息站
柳沼
青沼
弁天沼
P
檜原湖
memo
除了裏磐梯的五色沼以外，福島縣的吾妻山中也有通稱為「魔女之瞳」的五色沼，奧日光也有一天會變化五次顏色的五色沼。

小野川湖
檜原湖
秋元湖
五色沼湖沼群
磐梯山

毘沙門沼與銅沼

◆ 所在地／福島縣耶麻郡北鹽原村檜原
◆ 電車／裏磐梯旅客中心，從 JR 東日本磐越西線豬苗代站出發約 15km，從喜多方站出發約 32.5km。
◆ 開車／裏磐梯旅客中心，從磐越自動車道豬苗代磐梯高原 IC 出發約 16km。

根據國土地理院標準地圖製作

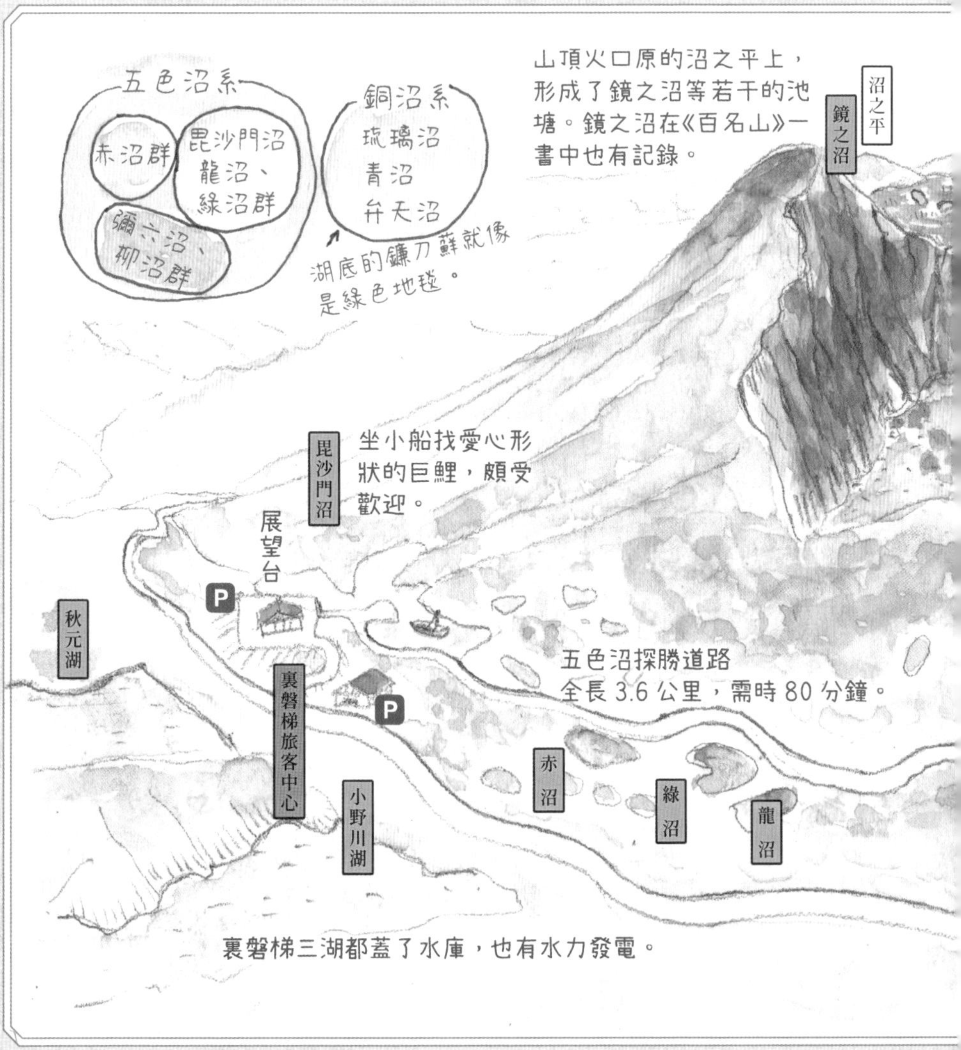
山頂火口原的沼之平上，形成了鏡之沼等若干的池塘。鏡之沼在《百名山》一書中也有記錄。
沼之平
鏡之沼
五色沼系
赤沼群
毘沙門沼
龍沼、
綠沼群
彌六沼、
柳沼群
銅沼系
琉璃沼
青沼
弁天沼
湖底的鐮刀蘚就像是綠色地毯。
坐小船找愛心形狀的巨鯉，頗受歡迎。
毘沙門沼
展望台
秋元湖
五色沼探勝道路
全長 3.6 公里，需時 80 分鐘。
裏磐梯旅客中心
小野川湖
赤沼
綠沼
龍沼
裏磐梯三湖都蓋了水庫，也有水力發電。

椹池與大笹池

在紅牛逃竄之地、傳說之池的前方

山梨縣韮市旭町上條北割・南阿爾卑斯市

在椹池池底發現、刺在岩石上的鐵劍。奈良時代的劍，為何要封印在池底？我追蹤了關於池主的傳說。

遺留在池底的鐵劍

位於日本南阿爾卑斯前線地帶的甘利山，在朝向登山口的狹隘山道的路上，彷彿隱身於海拔1200公尺的山腰窪地中，靜靜佇立的正是椹池。為了作為野營場使用，而儲留了一方池水的溼地，像是天狗的祕密庭園。

1980年代，這一汪池塘突然乾涸了。那時，發現了有一把鐵劍刺在池底的岩石上，引起軒然大波。鑑定後確定是奈良時代的古物。有千年以上的歷史，不為人知，到底為何這把劍會悄悄地被封印在池底？

不可思議的巨蛇傳說

關於大笹池有個傳說。

戰國時代，甲斐領主甘利氏的兩個兒子在椹池釣鯽魚時，被大蛇拖進了池子裡。

憤怒的甘利氏請託領地上的人民，將大量糞便、尿液丟進了池子裡，痛苦的大蛇變成紅牛，逃到甘利山上。在山頂稍低、三面由險峻的斜面所圍繞的地方，紅牛發現了大笹池，便潛入這絕佳的隱身之處。然而，甘利氏並未停止追趕的腳步……。

池子的主宰——大蛇將人類拖進池子，這種故事很多，不過人類徹底地追趕池子的主人，這就很稀奇了。為了逃避而變身，卻化身成醒目的紅牛，這種逆轉式的想法也頗有趣。

過了椹池的前方，海拔1640公尺的登山口設有甘利停車場。從這裡到甘利山頂可以充分感受健行之樂。一邊回頭看雲海上露出臉的富士山，大概20分鐘左右可以抵達山頂。

在瞭望視野頗佳的平坦

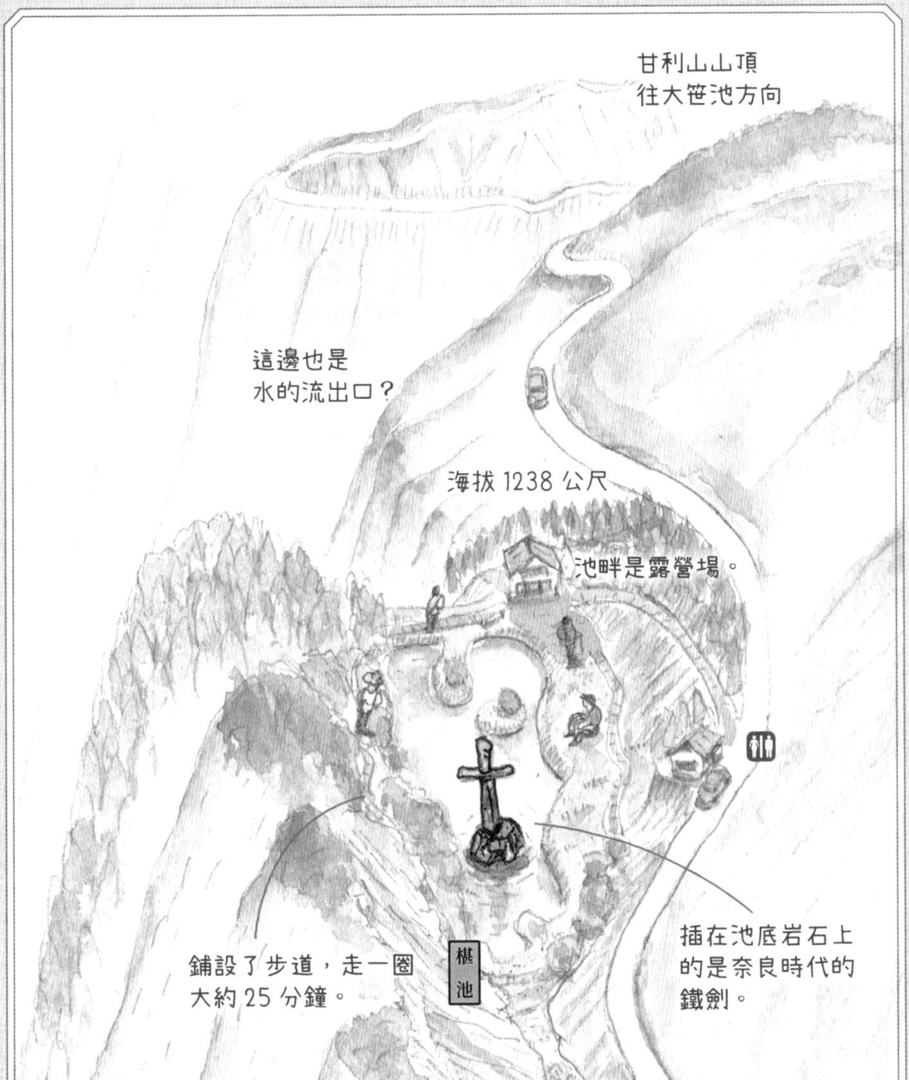
甘利山山頂
往大笹池方向
這邊也是
水的流出口？
海拔 1238 公尺
池畔是露營場。
插在池底岩石上
的是奈良時代的
鐵劍。
鋪設了步道，走一圈
大約 25 分鐘。
椹池
memo
甘利山傳說的相關照片和
資料，展示在椹池湖畔的
白鳳莊。池水周邊有一圈
步道。山莊主人親手製作
的引導說明牌很有味道。

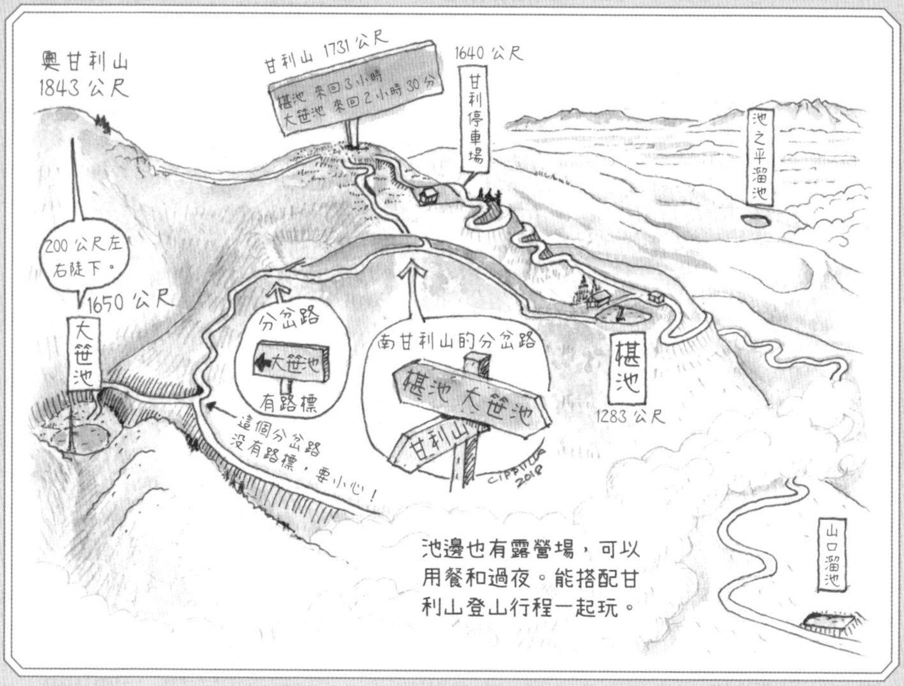
奧甘利山
1843公尺
甘利山 1731公尺
椹池 來回3小時
大笹池 來回2小時30分
1640公尺
甘利停車場
池之平溜池
200公尺左右陡下。
1650公尺
大笹池
分岔路
大笹池
有路標
南甘利山的分岔路
椹池 大笹池
甘利山
椹池
1283公尺
這個分岔路沒有路標，要小心！
池邊也有露營場，可以用餐和過夜。能搭配甘利山登山行程一起玩。
山口溜池

草地的頂端上，立著新的路標，以大字寫著「大笹池」。

要通往池子得行經南甘利山的稜線再轉個大彎，到池子來回4.6公里，約140分鐘頗費力的行程。

有時被倒木遮擋，道路上覆著深深的熊竹草，成爲幾乎要斷絕路跡的一條小路。所到之處，沒有繩索的話就像要掉落一般。往下走，前方的分岔路上，看到板子上寫著「大笹池←」，不禁鬆了一口氣。在前方林道的分岔路上，我又再度走錯了，但那被險急斜面包圍的陰鬱凹地上，不正是大笹池嗎？

磨缽狀的完美地形，雖然沒有明顯的流入河川，不過有個池泊以這個池塘爲水源往下流。相當於池子的吐出口部分，大概是爲了擋水、或是土砂、又或是擋魚吧，做了用木板擋住的工程。

據山梨縣官方觀光情報，池子的最大水深有2公尺，池底一整面生長著像是浮游物般的青苔，水深看來最多及膝。也許是極端的枯水狀態，但是還是有元氣十足的魚兒身影出沒。

被追殺的大蛇竄逃進一個又一個的池塘

回到紅牛的故事吧，對那位被追到椹池的池主而

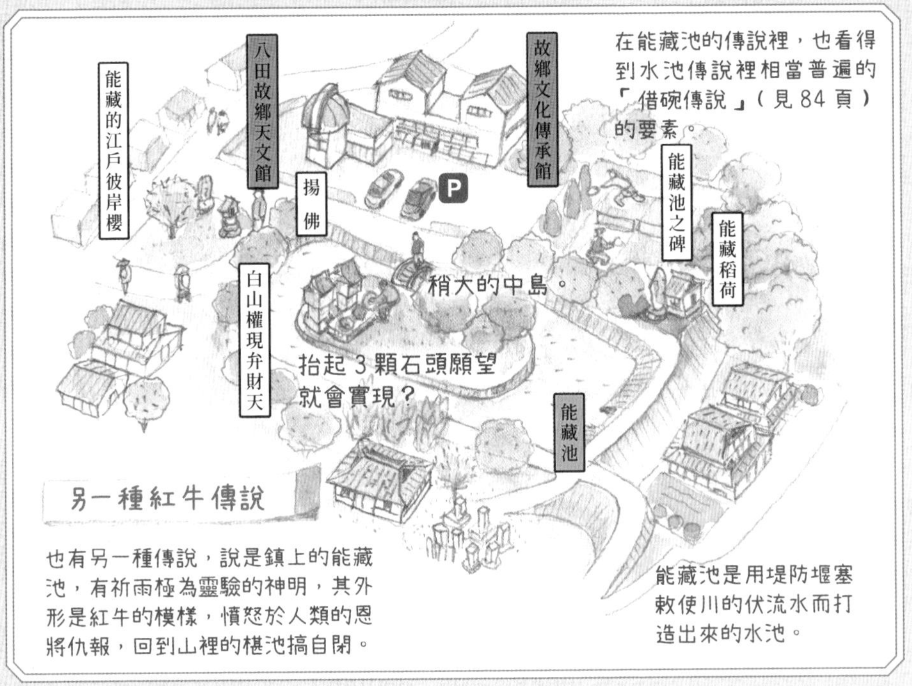
在能藏池的傳說裡，也看得到水池傳說裡相當普遍的「借碗傳說」（見84頁）的要素。
故鄉文化傳承館
八田故鄉天文館
能藏的江戶彼岸櫻
揚佛
能藏池之碑
能藏稻荷
稍大的中島。
白山權現弁財天
抬起3顆石頭願望就會實現？
能藏池
另一種紅牛傳說
也有另一種傳說，說是鎮上的能藏池，有祈雨極為靈驗的神明，其外形是紅牛的模樣，憤怒於人類的恩將仇報，回到山裡的椹池搞自閉。
能藏池是用堤防堰塞敕使川的伏流水而打造出來的水池。

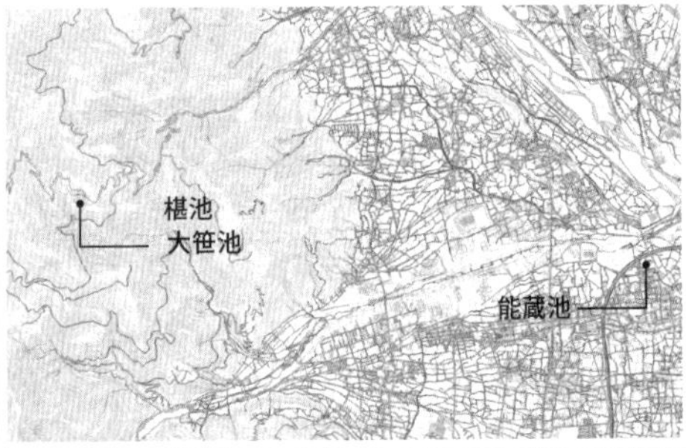
椹池
大笹池
能藏池

椹池與大笹池

- ◆ 所在地／山梨縣韮市旭町上條北割・南阿爾卑斯市順澤
- ◆ 電車／從 JR 東日本中央本線韮崎站到椹池約 12 公里。
- ◆ 開車／椹池，從中央自動車道韮崎 IC 約 25 公里。

根據國土地理院標準地圖製作

言，大笹池是新天地，不過穩當平靜的日子並不長久。甘利氏執拗的追趕，再度把祂追出了池子。

這裡再度出現了逆轉一般人想法的行動，大蛇脫離了難關。祂放棄了山林，像是飛進敵人懷裡，逃進了山腰聚落的能藏池。能藏池位於現在的南阿爾卑斯山市街地，池子現在還存在。

化身爲牛、逃進鎭上，椹池主人不知爲何，頗有人味。這麼一想，在現場看著池子的時候，有人告訴了我一件有趣的事。變成大蛇以前，椹池主人好像是人類的老婆婆。原來如此，難怪很像人的行爲模式。

逛逛

山池

群山環繞的池塘，
多是天然水池。
火口湖和冰蝕湖等，
認識山池的獨特形成也很有趣。
人類不易抵達的池泊，
是構成絕景的要素，
讓我們見識了絕美的容顏。

天然池

鎌池

長野縣北安曇郡小谷村中土

位於百大名山之一雨飾山的山腰，海拔1190公尺，湛著靜謐水鏡的鎌池，作為絕景的紅葉景點，是很受風景攝影師喜愛的天然湖。這座池有鉈池和隱居池2個相伴依偎的小池。第3個池有關於夫妻大蛇的傳說。被村民用糞尿攻擊到最後，蛇郎君被燒死，蛇女從棲息的老家被趕出去，逃到野尻湖。據說在奔逃的路上，她落下的眼淚化成了水池。（見84頁）

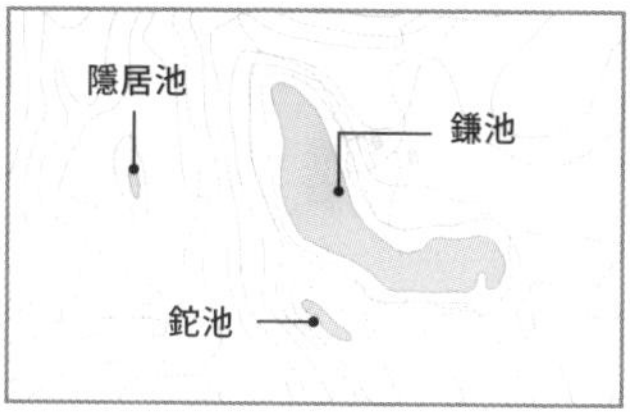
隱居池
鎌池
鉈池

根據國土地理院標準地圖製作

天然池

蔦沼

青森縣十和田市奧瀨

從青森市街看八甲田山，會被它的龐大存在感壓倒。是從巨大的台地往上抬升到1500公尺高度的那種量感。在其中的蔦沼，和其他6個池沼合在一起，被稱為「蔦之七沼」，在連結七沼的「環沼小徑」的步道上散步，就能繞一圈看池沼。小徑起點是擁有千年歷史的蔦溫泉。作為登山據點，停車場、公廁都很完善，還能釣鱒魚。楓葉季的清晨，水池如燎原般染滿殷紅。

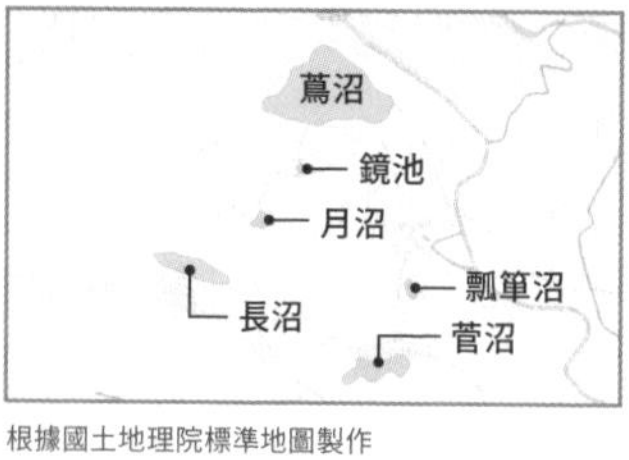
蔦沼
鏡池
月沼
長沼
瓢箪沼
菅沼

根據國土地理院標準地圖製作

天然池

夜叉之池

福井縣南條郡南越前町廣野

位在福井和岐阜兩縣的邊境、海拔1099公尺的頂端上，宛如天空之瞳般的池子。棲息其中的是特有種昆蟲「夜叉源五郎」和傳說中的龍神。龍也被認爲是祈雨的神明。傳說中苦於乾旱的村民會把女兒獻給龍神，文豪泉鏡花也寫了短篇小說〈夜叉之池〉。在樸素傳說的基底上，納入了海外文學的要素，昇華到完美的愛憎劇。池名成爲了小說標題，是美文的名作，湖沼愛好者務必一讀。

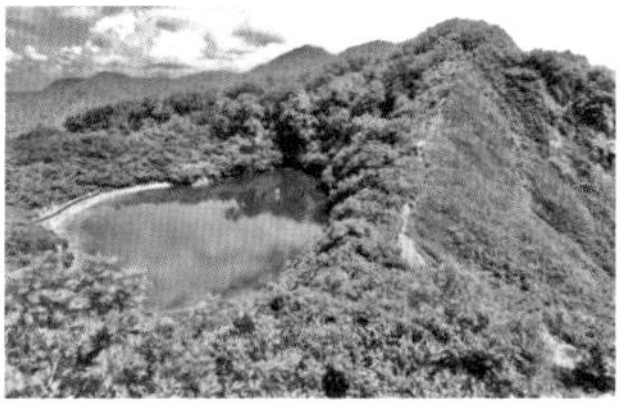

夜叉之池

根據國土地理院標準地圖製作

天然池（冰蝕湖）

不消之池

岐阜縣高山市丹生川町岩井谷

位於環行乘鞍池的起點、疊平公車站（「日本海拔最高」的公車站之稱）旁，海拔2700公尺。在登山步道上，接近日本最高的地方。像是環繞著疊平一般，割據在魔峰的肩膀和衣裾附近的不消之池、鶴之池和龜之池的天空感，可不是浪得虛名。百大名山的主峰背後，也有火口湖的權現池。成因是火山臼的一部分，加上火口湖、堰塞湖，還有冰河之子冰蝕湖，眞像火山性、高山性質滿點的水池展示窗一般。

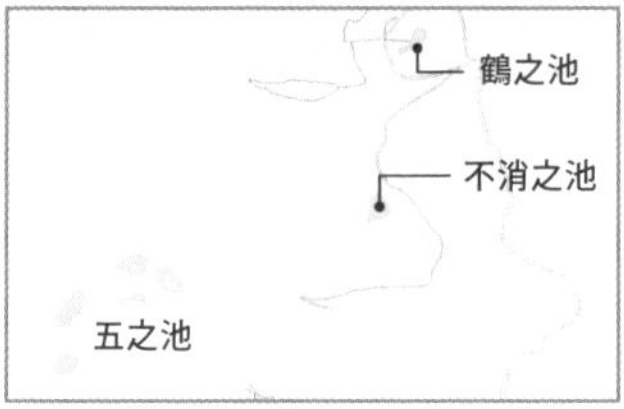
鶴之池
不消之池
五之池

根據國土地理院標準地圖製作

天然池

八幡平和岩手山的湖沼群

岩手縣八幡平市

也被選入日本百大名山的八幡平和岩手山，兩座名山之間的奢華湖沼群。擁有廣袤傾斜面的八幡平，以八幡沼爲首，有鎌沼、鏡沼、眼鏡沼等火口湖群和山腹的赤沼。都是可以輕裝前往，輕鬆環湖的魅力水景。爬岩手山的話，前往山頂火口湖的御苗代湖和御釜湖可得認眞做好登山準備。在兩山之間的樹海裡，御護沼留下了鰻魚和女護姬的傳說。

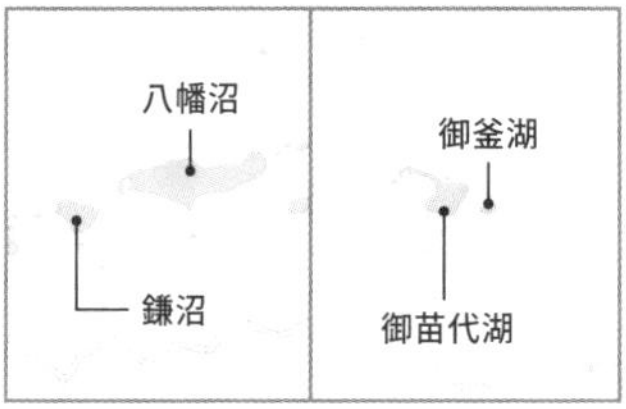
八幡沼
鎌沼
御釜湖
御苗代湖

根據國土地理院標準地圖製作

天然池

不知池

靜岡縣賀茂郡東伊豆町片瀨

也寫成「不知沼」或「シラヌタの池」。位於廣布於天城連山的原生林深山裡，是森青蛙的故鄉，也被指定爲靜岡縣天然紀念物。池畔還有推定樹齡千年以上的大杉樹。能感受被原生林守護至今的神祕空氣。水池成因有一說是火口湖（見23頁），但詳細成因不明。車輛只能進入林道，從那裡就要徒步進入原生林。路上有木道和吊橋，很有趣。

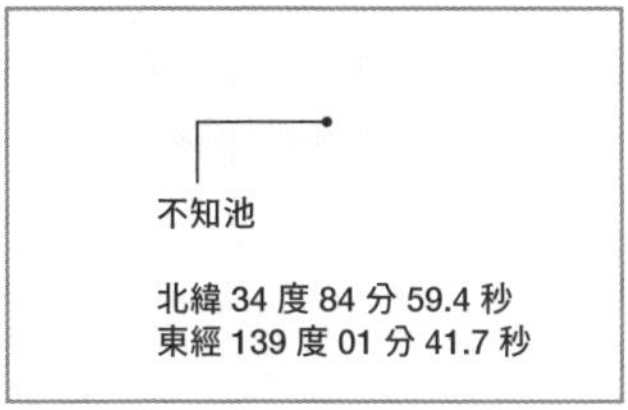
不知池
北緯 34 度 84 分 59.4 秒
東經 139 度 01 分 41.7 秒

根據國土地理院標準地圖製作

天然池（冰蝕湖）

濃之池

長野縣上伊那郡宮田村

由百大名山之一的木曾駒之丘的圈谷所形成的冰蝕湖。所謂圈谷，是冰河侵蝕形成的谷地，冰蝕湖位於谷底。950公尺的高低差及車站所在地的海拔都是日本第一，駒之岳纜車能快速地把旅客帶上海拔2612公尺的千疊敷站。從這裡經過劍池、駒飼之池，在圈谷上上下下，像是被群峰擁抱的濃之池就在此現身。因爲不在百大名山的主要登頂路徑上，到訪的人很少。

濃之池

根據國土地理院標準地圖製作

天然池

四尾連湖

山梨縣西八代郡市川三鄉町山保

被外輪山團團包覆，海拔800公尺的山上湖。因爲離首都圈很近，完全適合「天上樂園」的說法。也有連續劇來這裡拍戲。位於10公里山路的盡頭，雖然車子可以到，不過還是有滿滿的祕境感。沒有流入也沒有流出的河川，完全孤立的湖水，完全的通透澄明。也有山莊和露營場，不過跟有規畫的營地的方便性還是不能比。是愛上野營魅力的深度旅行者的樂園。

四尾連湖

根據國土地理院標準地圖製作

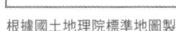

鏡之沼

天然池（火口湖）

福島縣南會津郡下鄉町

鏡之沼是火山活動引起的爆裂火口湖（見23頁），從連峰稍往南，是現在也露出荒涼裸岩的那須岳。沼名的由來有一說是因水池的形狀和圓型手持鏡的形狀一樣，也有說因爲湖面就像鏡子般美麗。鏡之沼就如同倒過來的「前方後圓墳」（日本古墳的一種建築模式，俯瞰時就如鑰匙孔一樣），想像的話，也不是不能看成小小的掌上鏡。水色透明度高，池中棲息著山椒魚及森青蛙。

鏡之沼

根據國土地理院標準地圖製作

男沼

天然池（堰塞湖）

福島縣福島市土湯溫泉町

吾妻連峰廣大的山麓環抱的湖沼群之一。湖沼群多是火口湖，不過男沼是由土石流形成的堰塞湖。在日本白鯽的野釣場裡，可享受數一數二的祕境感。岩魚和銀魚等稀有的魚也棲息其中。從土湯溫泉到分岔的一線道的山路往前開，有田沼停車場，在從那裡徒步可周遊男沼、女沼、仁田沼三個池。回程在土湯溫泉泡個湯流流汗的話，就能度過身心都充實的一天吧。

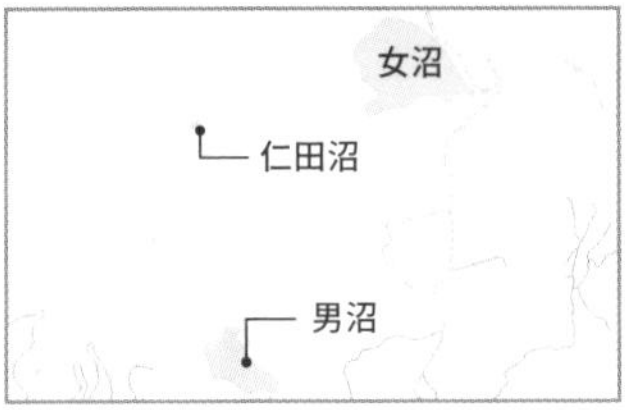
女沼
仁田沼
男沼

根據國土地理院標準地圖製作

八丁池

天然池（斷層湖）

靜岡縣伊豆市湯之島

在天城山中，位於海拔1173公尺，湖周長870公尺的水池。因爲斷層位移積水產生的斷層湖，是天城縱走路線的紮營點。池名由來是這座湖的周長過去被記爲「八丁」（一丁大約109公尺）。從川端康成〈伊豆的舞孃〉聞名的天城隧道開始走，大概3～4個小時左右的山路後，就會看到八丁池。越過幾個乾枯的水澤後，沿著稜線，路上會看到山葵田。這條路徑，昭和天皇也走過。

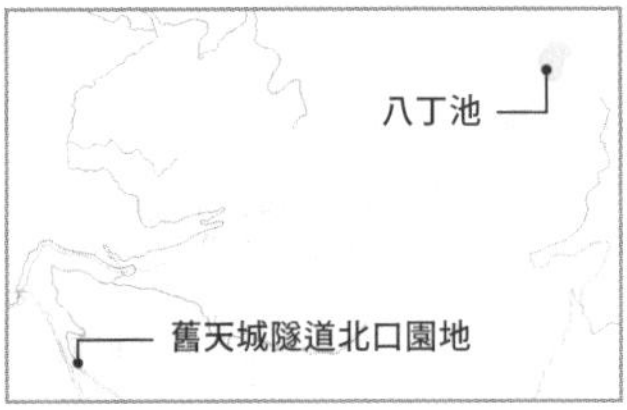
八丁池
舊天城隧道北口園地

根據國土地理院標準地圖製作

登上《日本百名山》的水池群

對登山愛好者而言，深田久彌的隨筆《日本百名山》可說是聖經了，作者介紹了自己精選的名山。不過，這本書裡，不只是山，登場的還有山岳的重要配角，88 座的湖泊，因此《日本百名山》也是山池的重要導覽書。

1 利尻岳／三日月沼／可以看到利尻岳尖角的眺望點。
2 羅臼岳／羅臼湖／羅臼岳的無名之池／大小 7 個沼澤
／在羅臼湖周邊。
3 斜里岳／摩周湖／要去斜里岳的路上能看到。
4 阿寒岳／阿寒湖／在阿寒岳開頭數行提到。
／下湖／提到從二湖台的眺望及成因。
／上湖／提到從二湖台的眺望及成因。
5 大雪山／姿見之池／提到旭岳之下的美麗的池塘。
／沼之平／記錄「有各種形狀的池沼」。
6 富良牛山／小沼／登頂後在回程的長路上遇到。
／久子池／第二晚搭帳篷。
8 幌尻岳／水庫側／在水庫工程辦公室過一夜。是新冠湖嗎？
／七沼／記錄「幌尻岳的圈谷的底部」。
9 後方羊蹄山／半月湖／記錄「從半月湖開始攀登」。
11 八甲田山／十和田湖／記錄「和八甲田山都成爲國立公園」
／毛無岱的池塘群／記錄「鬼斧神工的意趣」。
／小川原沼／山頂的絕景要素。
／睡蓮沼／八甲田的代表風景。
12 八幡平／大沼／住在沼畔的一狂翁成爲話題。
／富風致的池沼／八幡平的醍醐味。指的是八幡沼。
13 岩手山／御釜／岩手山山頂的火口湖。
／御苗代／岩手山山頂的火口湖。
／小池塘／西岩手破火山口內的八目溼原。
15 鳥海山／鳥海湖／保有太古的靜寂。
17 朝日岳／大鳥池／岩魚釣師的紀錄。參照本書 84 頁。
18 藏王山／釜池／激賞爲「藏王的寶玉」。
19 飯豐山／小小的池／作爲宿營地。是文平之池嗎？
20 吾妻山／湖沼／指五色沼、鐮沼、桶沼。
21 安達太良山／沼之平／記錄「以前是沼澤，現在是沙地」。
22 磐梯山／檜原湖／說到三湖確實有魅力。
／小野川湖／說到三湖確實有魅力。
／秋元湖／說到三湖確實有魅力。
／小小的池沼／指的是 300 的池沼，參照本書 49 頁。
／豬苗代湖／「讚賞眼前臨湖的山」。
／鏡沼／談到「寂靜的沼澤」。
／沼之平／有櫛之沼和櫛之池。
23 會津駒之岳／尾瀨沼／只談到經過這裡。
25 魚沼駒之岳／八之池／說到時擧出是八海山之名的由來，但有存疑。
26 平之岳／水庫湖／坐船過湖。是奧只見湖。
／池之岳／姬之池等池塘湖。
／小池／應該指的是玉子石的池塘群。
28 燧岳／尾瀨沼／作爲燧岳的夥伴談到。
29 至佛山／尾瀨之原／有池塘群，跟至佛山一起談。
32 苗場山／沮洳地／指的是苗場山頂的池塘群。
33 妙高山／野尻湖／寫道「若無妙高，野尻湖又是什麼？」。
／池之平／有井森池。
34 火打山／池沼／是天狗之庭的池塘群嗎？
／高谷池／絕讚池景是「高原植物的被褥」。
36 男體山／中禪寺湖／激賞爲「上天的造形傑作」。
37 奧白根山／五色沼／表現爲「有悽愴之趣」，參照本書 38 頁。
40 赤城山／大沼／記爲「赤城山中心的火口湖」。
／小沼／提及美女大蛇傳說。
41 草津白根山／湯釜／寫道「萬萬沒想到的美麗」。
／弓池／眼前是白根山，有高原弓池。
44 筑波山／鳥羽淡海／引用《萬葉集》古歌。
45 白馬岳／白馬大池／登山行程的經過地。
／栂池／登山行程的經過地。
47 鹿島槍岳／青木湖／鹿島槍的絕景景點。
48 劍岳／仙人池／劍岳最美的景觀點。
49 立山／彌陀之原／讚美這個天上的池塘。
／三線之池／記爲「紺碧水的美麗湖泊」。
50 藥師岳／有峰水庫／回憶年輕時的登山，數次出場。
／五色之原／沒直接提及，但池塘點綴其中。
／小小的池塘／應該是指藥師澤的源流。
52 黑岳／小小的池塘／應該是指水晶池。
53 鷲羽岳／鷲羽池／提到龍池的古名和火口湖。
55 穗高岳／明神池／還寫到穗高大明神的介紹。
57 笠之岳／池沼／應該指的是播隆平之池。
58 燒岳／大正池／記爲「上高地最具代表性的名勝」。
／噴火口的池／用紺碧之水來表現。指的是正賀池。
59 乘鞍岳／許多山上湖／爲乘鞍岳添色的要素。參照本書 57 頁。
60 御嶽／二之池／作爲富變化的山頂要素。
／三之池／作爲富變化的山頂要素。
／一之池／「水已乾涸」。
62 霧之峰／八島池／說明八島平溼原原爲沼澤的遺留。
／鐮之池／「安靜，而且明朗的沼池」。
63 蓼科山／赤沼平／赤沼平造了堤，成爲女神湖。參照本書 137 頁。
66 雲取山／小河內水庫／驚訝於奧多摩的變化樣貌所擧出的例子。
73 天城山／八丁池／本想在池邊野營但因寒冷斷念。
74 木曾駒之岳／濃池／提到池傳說和乞雨。參照本書 58 頁。
85 聖岳／人造湖／因爲在田代部落，指的是田代水庫吧。
87 白山／舊火口／讚賞天然的庭園。指的是翠池和紺屋之池。
88 荒島岳／水庫／指的是御母衣水庫。
89 伊吹山／琵琶湖／描寫了山頂看到的春霞棚的湖景。
91 大峰山／湧水的池子／寫到龍泉寺內的水垢離的池子。
93 劍山／富士之池／是現存的登山口名，還是指水垢離場？
98 霧島／湖／指霧島火口湖群。參照本書 46 頁。
99 開聞岳／池田湖／在說到山頂看到的景觀時。

此表的讀法：《日本百名山》登場順序的數字／百名山名／提到的池名／在《日本百名山》書中記述的內容。

第三章

里池散步

爲滋味豐美的日本里山帶來潤澤的池水

里池，總與人們的生活同在。
人造水池幾乎都是
爲了種稻而造。
失去水田功能以後
也轉用於生活用水，
不惜一切求生的
人類韌性也可在里池裡看到。

里池 十二

反過來利用大雪和山崩地形的逆轉劇

山古志的梯池群

支撐世界規模的錦鯉產地的水池，在山坡斜面堆疊了好幾層，全盛期有5千個池塘擠在這裡。

新潟縣長岡市

這裡有著開拓山林、建造壯大梯田的歷史。

四方拜山
中山隧道，為了把水引進梯池，挖掘橫井時培養的農業技術，也活用在隧道工程裡。
在山古志一帶是稀有的天然池塘。也能釣魚。
男池
利用橫井和融雪後的水進行稻作和養鯉，被認定為日本農業遺產。
因為中越地震，池子的水堤崩毀，流失了很多辛苦飼養的鯉魚。

memo

河道閉塞湖（土砂水庫）

本來是河川，不過在地震山崩以後被塞住，山古志因此產生了好幾個河道閉塞湖。「土砂水庫」或「天然水庫」的說法，因為中越地震而舉國皆知。

日本各地都有鬥牛，可是山谷志的「牛角相擊」是唯一被選為國家重要無形民俗文化財的鬥牛。雖說是鬥牛，這裡不會分勝負。
尼谷地之池
擁有取水設備等貯存池的構造，不過堰體並不明顯。有美女和大蛇的傳說。
山古志復興交流館「我們的家」
笑咪咪廣場
有很多由梯田改造的梯池。梯池的絕景。
羽黑山
山古志鬥牛場
舊的土砂水庫的遺跡還留存在於「池谷」這個聚落的名稱裡。
鬥牛是此地的傳統文化。水池傳說裡也常出現牛。
為了告訴後人被水淹沒的聚落身影，幾乎被泥土掩埋了一半的民宅，也被保存了下來。
新宇賀地橋
中越地震崩落的痕跡。為了要穿過河道閉塞湖，架設了新橋。
以前的道路完全被土砂吞食了。

支撐了日本第一的錦鯉產地的水池

山坡斜面上，如同千枚田般層層疊疊的，是池塘、池塘，還是池塘。數以千計的池子緊緊相依的山古志，以前被稱爲二十村鄉，是江戶幕府直轄地的豐饒里山。錦鯉起源之地，也是世界第一產地，支撐日本首屈一指的酒造地的高品質米作等，備受肯定，也被認定爲日本農業遺產第一號。不見於其他地區的里山，只有山古志獨有的農業系統的根柢，就是當地特有的「梯池」。

位於大雪地區的山古志，一年裡有半年都幽閉於深雪之中，也是經常發生山崩的地區。2004（平成16）年的中越地震，土石流塞住了河川（見40頁），吞食掉聚落的一部分，許多梯池也因而崩壞。

擁有山古志的象徵——鬥牛場的「池谷」聚落，如池谷一名所示，這裡有兩個舊河道的閉塞湖，也暗示了與山崩共生的歷史。而反過來活用大雪與山崩地形的兩個難題的，正是「梯池」的智慧。

原本梯池設於梯田的最上方，有補給水田的灌溉功能。說是池，但構造和水田並無大異，是用挖掘底部的土來做田畦、強化田堤的程度而已。

看了幾個梯池以後，感覺不可思議，竟然看不到池子的水路和取水設備。那邊的梯田也有同樣狀況。明明水田要使用大量的水，水路是絕對必須的啊……。

答案就藏在獨特的大雪氣候和山崩地形裡。梯池和梯田上方，積了好幾公尺深的雪，到了春天漸漸地融化，化作此處的水源。在不透水的地層之上，很陡的傾斜面承載著透水土壤，容易引起山崩，相反的，上層梯池裡的水，透過土壤，順利地到了下方的田地，帶來了農作所需的潤澤。若需要更多水的話，就挖橫井卽可。日曬良好的梯池，還能將雪融水暖化成適合稻作的溫水貯水池。

而梯池和梯田因爲構造上相同，能因應需要，彈性調整成田地或池塘，眞是完美的系統啊。厲害的不只如此，江戶時代，爲了食用，在梯池飼養的「眞鯉」突然出現了變異種。突然的變異種本身並不稀奇，不過山古志讓紋路美麗的個體交配，再重覆篩選，誕生了商品價值極高的「錦鯉」。梯池就此開展了能生產出貴重現金收入的道路。

很快的，許多梯田紛紛改造成養殖用池，高達數千個棚池，枯水期養殖池的水能通融給梯田使用，這裡也發揮了彈性。大雪和災害，孕育了人們的團結和柔軟應對方式，織就了現今獨特的梯池文化。

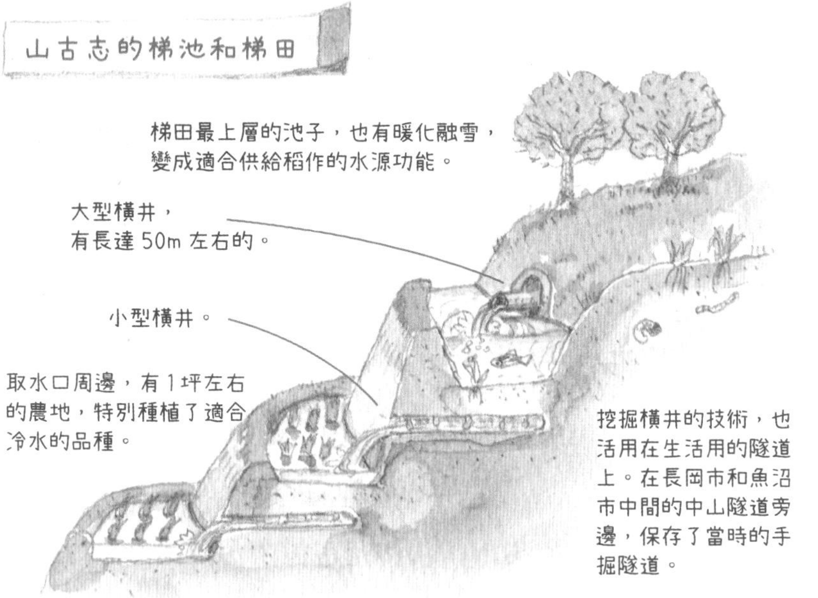
山古志的梯池和梯田
梯田最上層的池子，也有暖化融雪，
變成適合供給稻作的水源功能。
大型橫井，
有長達 50m 左右的。
小型橫井。
取水口周邊，有1坪左右
的農地，特別種植了適合
冷水的品種。
挖掘橫井的技術，也
活用在生活用的隧道
上。在長岡市和魚沼
市中間的中山隧道旁
邊，保存了當時的手
掘隧道。

尼谷地之池
山古志的梯池群

山古志的梯池群

- ◆ **所在地**／新潟縣長岡市山古志
- ◆ **電車**／從 JR 東日本上越縣小千谷站出發，到山古志復興交流館「我們的家」大約 15km。
- ◆ **開車**／從關越自動車道小千谷 IC 到山古志復興交流館「我們的家」大約 13km，從越後川口 IC 大約 22km。

根據日本國土地理院標準地圖製作

大蛇、牛和女性的登場雙池的傳說

這地區除了梯池，另外還有由橫井引水的「灌溉池」、天然池「男池」、不可思議傳說的「尼谷地之池」。把美女拖入池裡的大蛇，因爲村民齊心合力放乾了池水，終於被逐出池子，化身爲牛逃到男池的傳說故事框架，在山梨縣的榿池（見52頁）和宮城縣的半田池也能看到類似敘事，令人感到興味十足。

里池 十二

蓴菜之池

轉用了四方形水田的四方形水池

秋田縣山本郡三種町・能代市

日本大多數都道府縣都害怕蓴菜即將滅絕，但這種菜只能在最乾淨的池子裡成長。生產量占全日本九成的蓴菜水池是？

石川桑的水池是蓴菜農園中的一個，也是2018（平成30）年的「世界摘蓴菜選手權大會」會場。這個活動每年都會換場地，分成個人組和情侶組，數十名選手比賽摘蓴菜，是相當特別的活動。

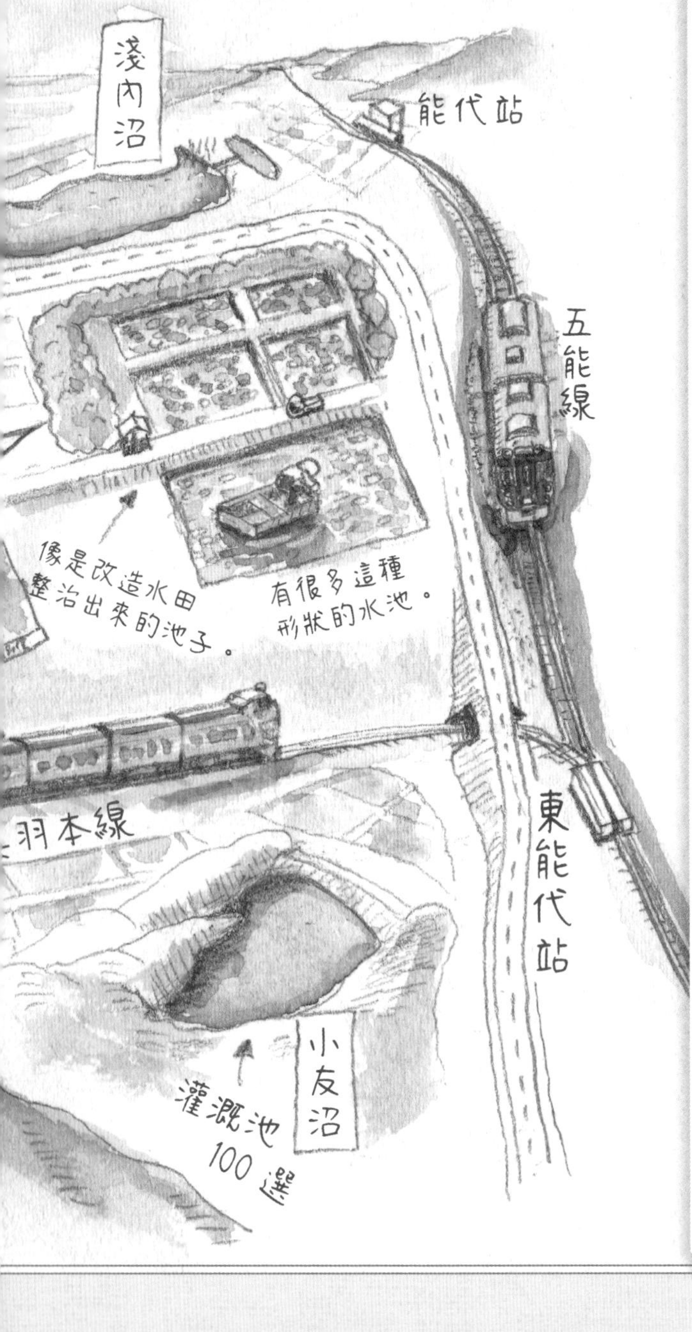

淺內沼
能代站
五能線
像是改造水田整治出來的池子。
有很多這種形狀的水池。
羽本線
東能代站
小友沼
灌溉池100選

男鹿半島
八郎潟
填平了巨大的水池改造為水田。
國道沿線的物產館「蓴菜館」，也可在此登記摘採蓴菜體驗行程，會有車子接送到農園。
在這裡登記摘蓴菜體驗。
世界摘蓴菜選手權大
2018年7月
比賽
石川
個人
情侶
森丘站
惣三郎沼
角助沼
蓴菜館
習根川溜池
日本白鲫的名所。
也可以露營或釣魚。
森岳溫泉
沉到日本海裡的夕陽。

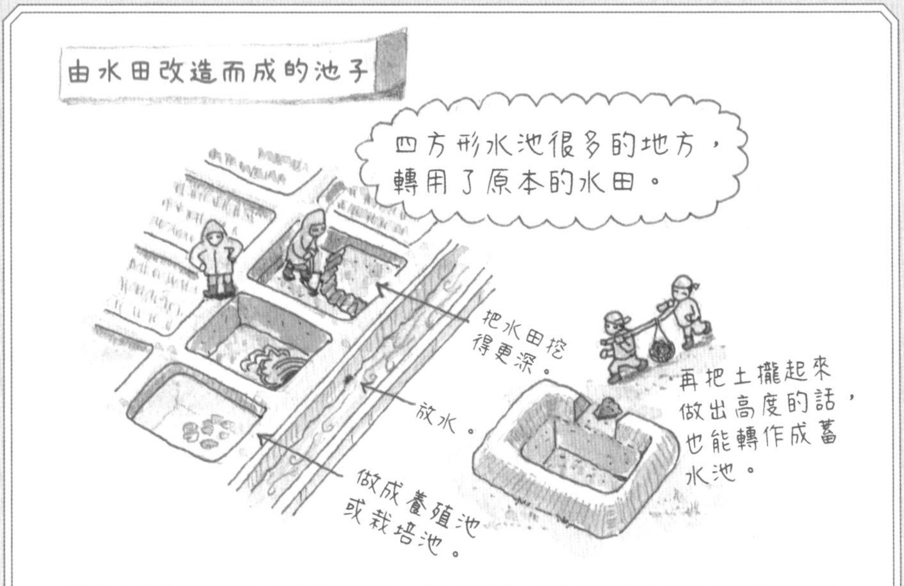
由水田改造而成的池子
四方形水池很多的地方，
轉用了原本的水田。
把水田挖
得更深。
放水。
做成養殖池
或栽培池。
再把土攏起來
做出高度的話，
也能轉作成蓄
水池。

轉用水田的池子是如此建造出來的。放眼全國，畿內地方是改造了水田的四角池寶庫，在大和郡山時常可見改造成金魚養殖池的水池。

到關西地區打工的某女工的故事

古代在《萬葉集》裡被歌詠爲「沼繩」，蓴菜是詩歌裡的夏日季語，只能長在水質良好的池沼裡，因爲蓴菜的組成成分裡水分占了九成，故被稱爲「食材的綠寶石」。從前生長在日本全國各地的池沼中，但因爲水池改修或水質惡化等原因，現在在首都圈東京、千葉、神奈川和沖繩的4都縣都已滅絕。在其他22個縣是陷入滅絕、即將滅絕的狀況。

在這種狀況下，占日本國內蓴菜生產量九成的秋田縣三種町，初夏時節，乘著箱形的和舟摘蓴菜之景色，已成爲此處的夏季風情畫。實際上這些水池，多數原本是水田或儲水池。

三種町的能代平野，加上八郎潟的衛星沼池群，是蓄水池和水田星羅遍布的區域。作爲蓴菜的生長環境，有許多最適水深50～80公分的淺池，還很幸運地能得到世界遺產白神山地和出羽丘陵流入的優質伏流水。

不過，聽說當初蓴菜生產只限於當地消費，也沒有收成用的箱船，要在水深及腰的艱辛環境中工作。1936（昭和11）年，一個在兵庫縣蓴菜加工廠工作、三種町出生的女工，說到故鄉的事，於是加工廠的社長來到了角助堤。在那以之前，他們

改造水田的範例

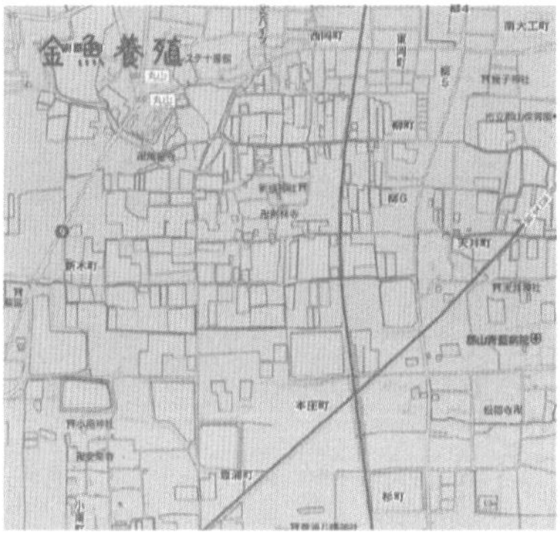

奈良縣的大和郡山

金魚養殖用的水池緊緊挨著。四角池很多，是因為改造了水田吧。和水田的互換性好像很高。

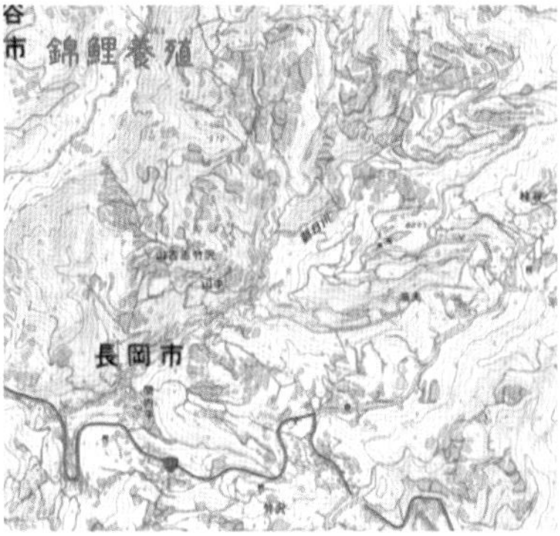

新潟縣的山古志

這邊是錦鯉的養殖池，平地是四角類型，山坡斜面則排列著由梯田改造而成的池子。數量令人目不暇給。

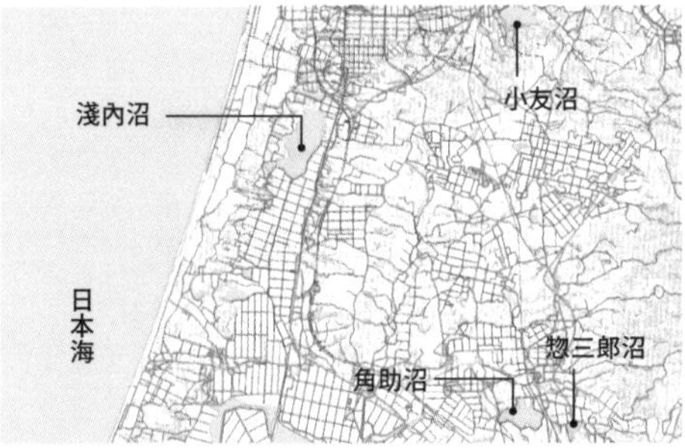

蓴菜之池

◆ 所在地／秋田縣山本郡三種町・能代市
◆ 電車／從 JR 東日本奧習本縣森岳站到蓴菜館約 5km。
◆ 開車／從秋田自動車道、琴丘森岳 IC 到蓴菜館大約 6km，八龍 IC 大約 8km。

根據日本國土地理院標準地圖製作

處理的是在關西的水池中收成的蓴菜，不過因為社長感動於此地蓴菜的高品質，傳授了加工和商品化的法門。

1980年代因爲國家的減作政策，需要作物轉型，蓴菜受到重視。水田的構造本來就會湛滿田水，水路網絡也已齊備。水田改造成蓴菜栽培池，再適合不過。

蓴菜栽培池分成位於平地的水田改造、山麓地帶的梯田改造、和改造蓄水池3種類型。形狀各自不同。金岡西部地區農業道路沿線，蓴菜池匯集處，四四方方池水所呈現的樣貌，讓人想起水田的遺跡。

里池 十三

滿濃池

空海的傑作!! THE・「日本第一灌漑池」

香川縣仲多度郡滿濃町

一再發生大規模崩毀的池子，因爲多次的重建，在擁有1萬4千多座蓄水池的香川縣穩居寶座，讓它復活的人們、所擁有的深不可測的力量啊，是從何而來的？

香川灌漑池中的首席蓄水池裡的明星級存在

在讚岐（香川縣古名）被稱爲「滿濃太郎」的滿濃池，在縣境狹小卻擁有1萬4千餘座蓄水池的香川縣（密度爲日本全國第一、數量居第三）中君臨睥睨，也被選入「灌漑池百選」，太郎之稱不是浪得虛名。

其存在感、歷史、形狀與當地的結合，不管從哪個角度看來，都滿溢了耀眼的明星性格。

首先說其規模。湖周長20公里，作爲蓄水池是日本第一。深度，在最深處超過30公尺。

最厲害的是，說到名字裡有「池」的湖沼，鳥取縣境內有日本最大的湖山池（見73頁），滿濃池大概是它的四分之一。不過，滿濃湖周邊的長度比湖山池還長。因爲是複雜而深入、細長的岬灣，右岸和左岸的形態完全相異，即使只看地圖也魄力滿點。

平安時代的萬能宗教明星——空海之手的偉業

滿濃池最初營造的時間，大約是1300年前，奈良時代，西元700年左右的事。後來，經歷了多次的崩壞和修建。

821（弘仁12）年，不但在宗教界，也活躍在社會事業的空海（弘法大師），只帶了5名從者，就來修建滿濃池。而且，傳說在那之前專家花了3年也無法完成的困難工程，他們只花了2個月就完成了。

活用了在中國學習到的

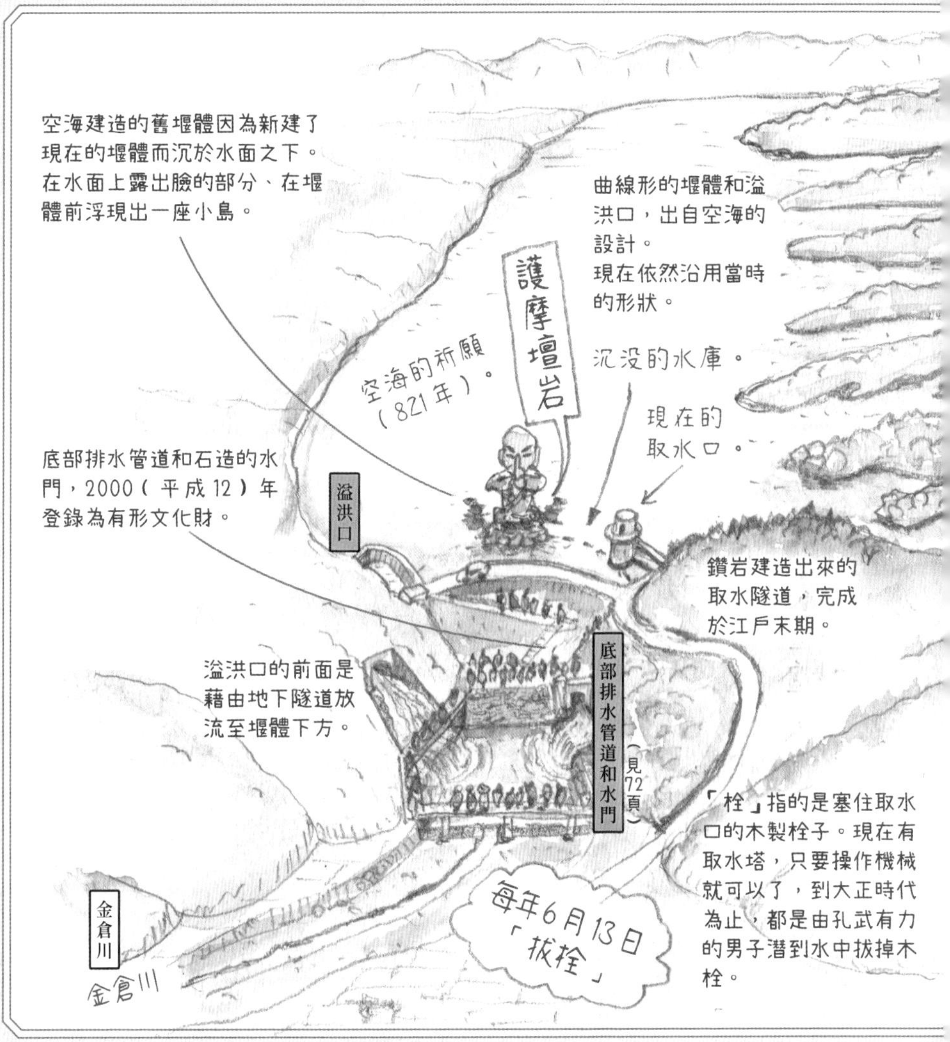

土木工程技術，空海的設計無疑十分卓越。不過，對空海的到來歡欣鼓舞，工程因而大爲前進的，是推動了工程的十萬人的群體力量吧。

另一方面，關於空海對滿濃池的改建，大建設公司大林組，以現代工學的觀點加以檢證，推論出空海實際上眞的在現場指揮了工程的最終過程。

埋入運水的水管，堰體的中央部分是池子的重點，也是弱點。到了最後，能組合始終欠缺的中央部分，完成了華麗的造池工程，創造出視覺效果，這也是長久以來空海傳說被不斷訴說的部分。

400年間消失無蹤的水池——再度復活於江戶時代

在空海手上，滿濃池變身爲擁有最新技術的水池，但大約300年之後，因爲大決堤被棄置了。水池遺跡變成了池內村的聚落和水田。

直到400多年後的江戶時代，滿濃池才得以復活。此時的再建，也善用了空海的設計圖。在江戶時期，還把容易劣化的木製底管更新爲挖掘岩盤的隧道，到了明治時期，建造出石砌的水門，克服了池子的弱點。現在，每年6月開始放水那一天，會舉辦祝賀豐收的「拔栓祭」的活動。

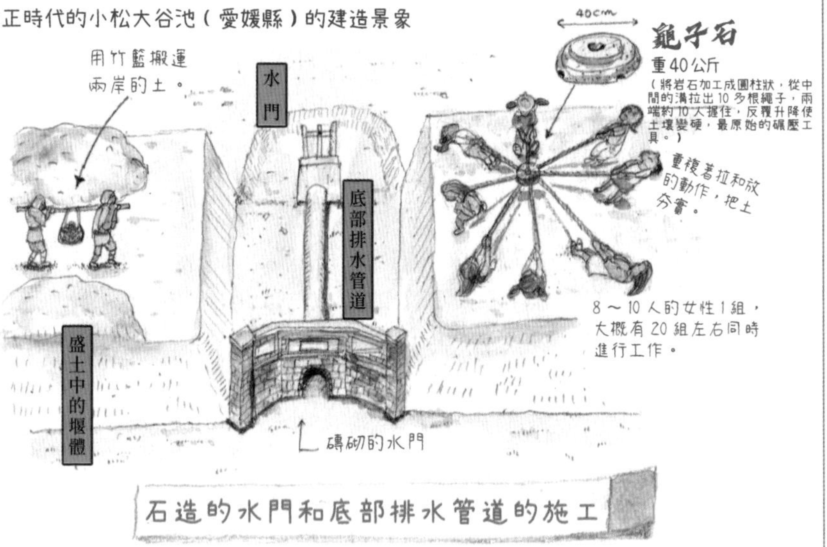

大正時代的小松大谷池（愛媛縣）的建造景象
用竹籃搬運兩岸的土。
水門
底部排水管道
盛土中的堰體
磚砌的水門
40cm
龜子石
重40公斤
（將岩石加工成圓柱狀，從中間的溝拉出10多根繩子，兩端約10人握住，反覆升降使土壤變硬，最原始的碾壓工具。）
重複著拉和放的動作，把土夯實。
8～10人的女性1組，大概有20組左右同時進行工作。
石造的水門和底部排水管道的施工

蓄水池中放水的重要設備，排水管道，古代是木製的。因為必須定期更換，負擔很大，後來改建為石造和水泥。

滿濃池

滿濃池

- 所在地／香川縣仲多度郡滿濃町神野
- 電車／從JR四國土讚縣琴平站到國營讚岐滿濃公園大約10km，從高松琴平電氣鐵道琴平站出發大約10km。
- 開車／從高松自動車道善通寺IC到國營讚岐滿濃公園大約17km。

根據日本國土地理院標準地圖製作

里池 十四

平筒沼

也用於休閒用途，名字裡有「沼」字的灌溉池

灌溉池是爲農業用所建造的「貯水池」，不過因地制宜，有些地方也稱爲「沼」。平筒沼是天然沼澤嗎？還是人工池呢？

宮城縣登米市

是池又是沼？是湖又是池？

池、沼、湖的名字，在日文裡並沒有明確的定義。有明明跟湖差不多大的「池」，或明明是灌溉池，又稱為「沼」？

明明是人工蓄水池，但卻不叫「池」

- 地獄沼（埼玉縣）　有堰體、取水設備。
- 黑潟（秋田縣）　有堰體、取水設備。
- 通越堤（山形縣）　有堰體、取水設備。
- 藤沼湖（福島縣）　明明上了「灌溉池百選」。
- 大關堰（千葉縣）　甚至有水庫穴。
- 水庫湖（全國）　正式名稱多為「◯◯貯水池」。

改造天然沼作為灌溉池但卻叫做「湖」

- 女神湖（長野縣）　別名又稱「赤沼池」。

巨大湖卻稱為「沼」或「池」

- 大沼（北海道）　湖周長24km，最大水深12m。
- 湖山池（鳥取縣）　湖周長19km，最大水深6.5m。

超深的湖卻叫作「池」

- 住吉池（鹿兒島縣）水深30m。

因地區而異的灌溉池的稱呼

穩重大方，但還是能感覺到野性氣息的平筒沼，雖然是灌溉池，岸邊卻種植了500棵櫻花樹，能玩遊艇和獨木舟，還可以釣魚，已經整理成親水公園了。

在宮城縣，即使是灌溉池，也有很多被稱爲「沼」，和平筒沼同縣的最大灌溉池、選入「灌溉池百選」的加瀨沼就是好例子。另一方面，附近的伊豆沼原本是沼澤地，被改造成人工池，發揮水利功能和洪水調節功能，可以說是天然和人工的複合池吧。

平筒沼，具備了灌溉池的必須要素，也就是取水用的斜管和水門等取水設備。而在這個池子的相關傳說中，也出現了「堤」這個詞。可能古代就已經有灌溉池的構造了。

灌溉池的名字，每個地方好像有類似傾向的東西。說是這麼說，但宮城縣就用「沼」統一稱謂了嗎？好像也不是這樣。把灌溉池稱為沼的，除了東北各地，在琦玉縣也經常看到。

即使這樣，如果看地形、堤、取水設備的位置關係，就會感覺這是從自然池狀態改造過的「水池」作品吧。複雜的命名方式，反倒成為解謎的樂趣。

大手口釣公園
機織沼
伊豆沼
從前是天然的滯洪池，改造成同時具有農業用水的水利和洪水調節功能的池子。
北部水路
很多日本白鯽的釣客。
CAFE
memo
很流行釣日本白鯽的區域，在這張圖裡，也有2個釣魚公園。而右上角的機織沼，曾試圖繁殖日本白鯽的原型——江戶時代的錦織源五郎▪。

不只是水利功能——也是讓人得以親近的灌溉池

平靜地湛著水的平筒沼上，賦予了池水一層陰影和深度的，就是水池傳說的存在。

在池子東側有一個小小的島稱為「弁天島」，上面有紅色的鳥居。以這個島為舞台的兩個恐怖傳說，都出現了大蛇和女性角色。日本全國的水池故事裡，有很多都出現了大蛇和女性（見84頁）。

這裡的傳說故事將池子的恐怖教給了下一代——因為水池和生活非常密切，也不能直接設置柵欄，好讓人遠離避免危險發生。但現在這個時代，發生意外的話，會被嚴厲地究責，亂丟垃圾的問題也很嚴重，因此有越來越多水池採取「禁止進入」的管理措施。

中小型水池管理有難處，反倒是國營的多目的水庫湖等，為了要得到當地居民的理解，所以積極開放湖面，讓池子可以被民眾喜愛。在我們考慮池泊的未來時，不妨回頭看看雖然還是現任的灌溉池、但成功開放給一般民眾的平筒沼，這是能和未來世代連結的貴重先例。豐美的平筒沼，平坦的草地浸到水面，比起圍欄，還是恐怖傳說更加適合這裡。

栗駒山
內沼
蕪栗沼
拉姆薩公約登錄溼地。
（Ramsar Convention，
為了保護溼地而簽署的全
球性保護公約。）
長沼
涌谷町釣魚公園
舊迫川
道之站
迫川
平筒沼交流公園
這邊也是可以釣
日本白鯽的公園。
草皮很舒服
水上
木棧道
全長 188m
這裡有
取水設備。
蓮田
平筒沼
自然學習館
步道沿途的
500 棵櫻花樹，
也有夜間照明。
弁天島
水上甲板
農地

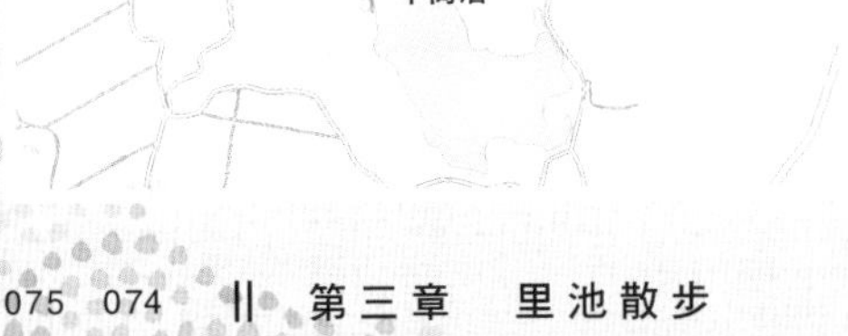
平筒沼

平筒沼

◆ **所在地**／宮城縣登米市米山町櫻岡貝待井

◆ **電車**／從 JR 東日本氣仙沼線御岳堂站到平筒沼交流公園約 4.5km。

◆ **開車**／從三陸自動車道登米 IC 到平筒沼交流公園約 11km，從桃生豐里 IC 出發約 7.5km。

根據日本國土地理院標準地圖製作

穿過瀑布下的岩石門，那裡就是桃源池

瓢簞池

德島縣阿南市

作為攀岩路徑，內行人才知道。作為公園的設備倒是不多，太過樸素，不過反倒是引出了水池的特殊情調。

人工和自然調和 開展出美景的水池

古來即有許多呼聲認為要把這裡推為阿波（德島古名）名勝，從兩側伸出的懸崖，現在也像是扼住池水般的巨大門扉。從石門可以窺見被群山擁抱的靜靜的里池、田地和人們的生活。這石門，簡直像守護著桃源鄉的衛兵。

被石門扼守的前方水池，是在跟衛兵配合嗎？突出的樹木和岩石，表情很嚴肅。水池的出水部分，是人造水泥製的溢洪道，流出的水形成了高4公尺的飛泉，水聲清脆。仔細一看，還有類似石砌的構造，但因善用天然岩石突出的地形，連瀑布底方的瀧壺都有了，如果叫他「石門瀑布」的話，看起來也像是天然的瀑布了。

穿過石門，進入深處，景觀為之一變。岸邊覆上了一層草皮，讓水池看起來圓圓的，給人深沉安穩感覺的寬廣水池就在眼前展開，和後方聳立的奇岩絕妙地搭配著，和剛才的嚴峻表情截然不同，可以看到很豐富的景色，此處冠上了石門公園的名字，但是沒有任何公園設施，那也很好，完全不需要。

很不想穿過石門再回到現實世界——這就是如此令人難忘的池子。

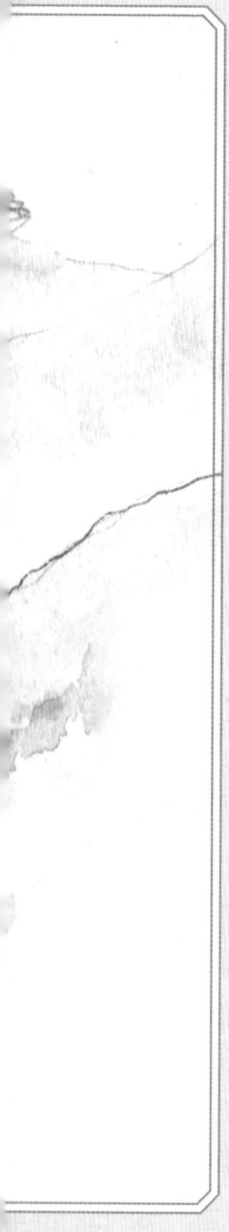

瓢簞池

瓢簞池

- ◆ 所在地／德島縣阿南市長生町東谷
- ◆ 電車／從 JR 四國牟岐線阿南站出發約 6km，從見能林站約 8km，從阿波橋站約 9km。

根據日本國土地理院標準地圖製作

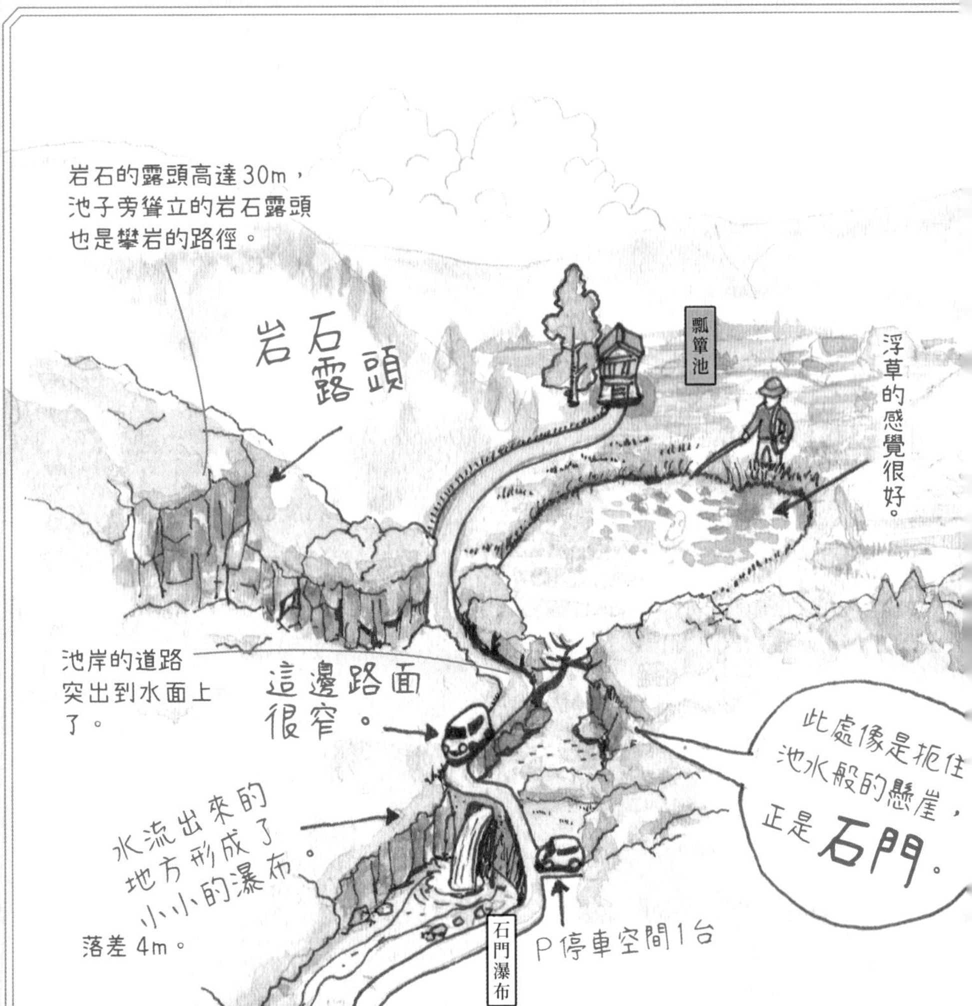
岩石的露頭高達30m，
池子旁聳立的岩石露頭
也是攀岩的路徑。
岩石露頭
瓢簞池
浮草的感覺很好。
池岸的道路
突出到水面上
了。
這邊路面
很窄。
此處像是扼住
池水般的懸崖，
正是石門。
水流出來的
地方形成了
小小的瀑布。
落差4m。
石門瀑布
P停車空間1台

里池 十六

小松之池

有候鳥來訪的三浦半島上的最大型里池

神奈川縣三浦市

野鳥、動植物的寶庫，河津櫻的名所。河津櫻花期，早的話從1月下旬開始，到了開花期，堤防上並排著小攤販，很熱鬧。

三浦半島南部——代表性的里池化爲大公園

小松之池，從京急久里濱線的車窗也看得到。經過池子的地方是高架道路，電車會駛經進水口的上方。原來似乎是農業用灌溉池，右岸側有方形的溢洪道，堤上種植著櫻花樹，堤下沿著山谷連結著細長的田地。這個水泥框，能用方向盤開關操作，有小小的水門。不過，作爲農業用的取水口，看起來稍嫌不足。

另外引人注意的是，在堤防前方的水岸旁設置了水泥親水甲板（見128頁），是爲了體貼釣客嗎？放了5個左右切割過的平面斜坡，眞是完美，離水面很近，所以也容易親水。

走在左岸設置的水上步道，經過山崖邊的小小弁財天，再穿過京急線的鐵橋。前方走在險急的階梯上往山崖上跑，附近已經完全是住宅區了。

水的流入側廣布了溼地，雖然小松之池擁有良好的里池樣態，在住宅地化的時代大浪下，也被逼到了邊緣。它的公園水池、町池的功能應該會日益增強吧。

很容易釣魚的甲板。
但是禁止投釣、撒餌。
三浦海岸站

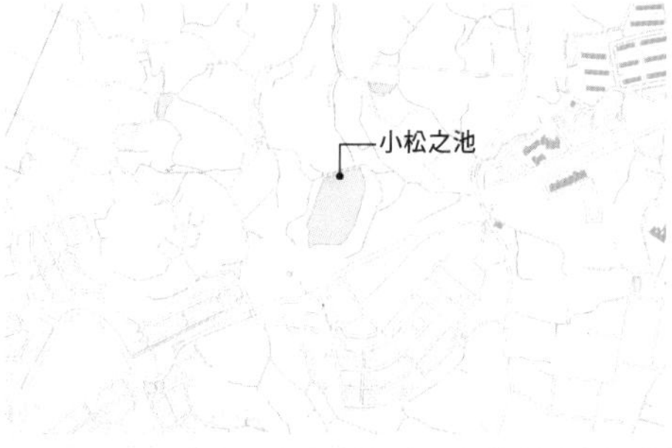
小松之池

小松之池

◆ 所在地／神奈川縣三浦市南下浦町上宮田

◆ 電車／從京濱急行電鐵久里濱線三浦海岸站、三崎口站到小松之池公園約 1.5km。

根據日本國土地理院標準地圖製作

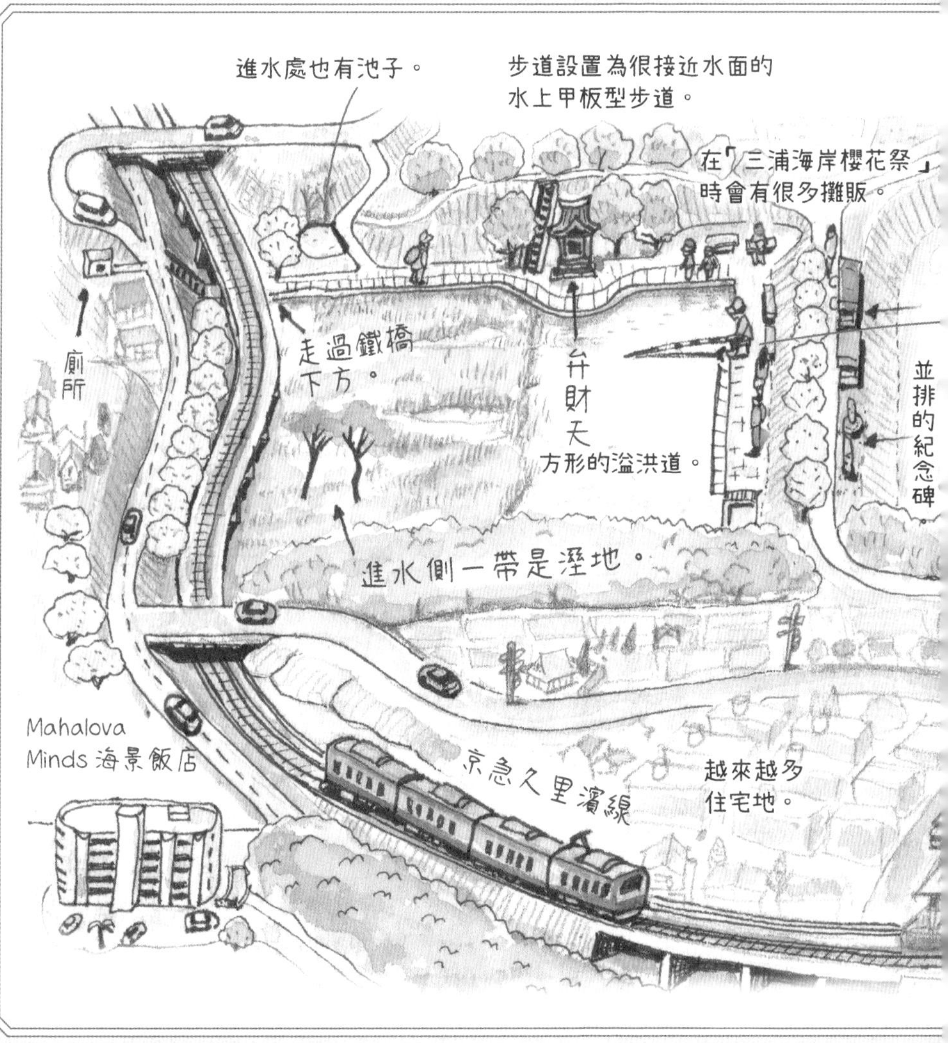
進水處也有池子。
步道設置為很接近水面的
水上甲板型步道。
在「三浦海岸櫻花祭」
時會有很多攤販。
走過鐵橋
下方。
廁
所
弁
財
天
方形的溢洪道。
並排的紀念碑。
進水側一帶是溼地。
Mahalova
Minds 海景飯店
京急久里濱線
越來越多
住宅地。

逛逛 里池

位於郊外或郊山，
里池和人們的生活密切相關，
每個季節都有不同面貌。
即使是第一次相遇的池子，
總會帶著點憂愁的姿態，
勾起人的鄉愁。
這或許就是里池獨特的美麗。

野守之池

天然池（河跡湖）

靜岡縣島田市川根町家山

有蒸汽機關車汽笛聲轟隆隆響著的川根本町，是被「日本之里百選」選定的優美里山。野守之池湛滿了里池滋味豐富的情趣，是能繞一圈的可親水景。為了這座池，不惜專程前來的熱心釣客也很多。看起來是灌溉池，實際上是大井川的蛇行部分遺留下來的河跡湖（見26頁）。傳說有一個叫做野守太夫的遊女，在傷心的悲戀中，投池自盡後化身為鯉魚。據說現在池中還棲息著遊女投胎轉世、沒有背鰭的鯉魚。

根據國土地理院標準地圖製作

八樂溜

人工池（灌溉池）

滋賀縣東近江市下里町

位於平原的四角形皿池。為了維持、管理灌溉池，在必要的放水工作時（見159頁），用竹籠捕魚的「オオギ漁」（Oogi 漁），是江戶時代流傳至今的當地傳統活動。4年一次，但在高度成長期中斷了。然而，1998（平成10）年，作為地區活動再度復活，也堅守了傳統。成為地區居民交流的場域，也有攪拌池底泥、放泥、疏浚的效果。

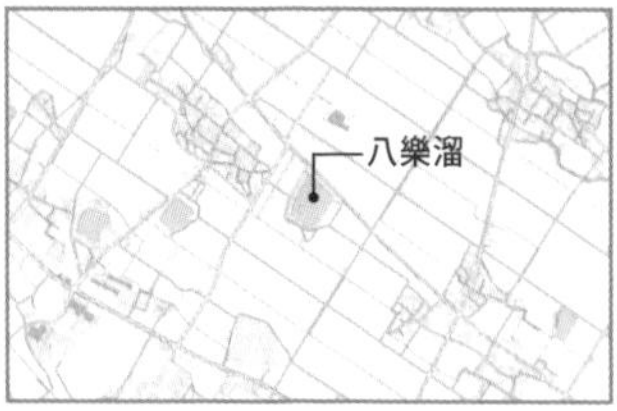

根據國土地理院標準地圖製作

天然池（沼澤）

白龍湖

山形縣南陽市赤湯

巨大天然湖的盡頭，也被稱爲日本最小的「湖」，水很淺，最深不過1～2公尺程度。一般來說，湖的標準水深是5公尺，白龍湖不及格，應該被歸到「沼」類。周圍廣大的平地，是含有泥炭層的日本屈指可數的軟弱地盤，有種讓人想到無底沼的魅力。豐水和枯水時，湖周長的變動極大。因爲堆積物，池子年年變淺，如果人類不出手介入的話，應該會落入消失的命運。

根據國土地理院標準地圖製作

人工池（灌溉池）

櫻之池

富山縣南礪市野原東

爲了解除水不足的危機，在太平洋戰爭前動工，但工程在1954（昭和29）年完工的農業用灌溉池。堤高27公尺，也就是水庫型蓄水池，但好像浮著一種悠閒穩重的氣息。也被選入「灌溉池百選」中，整理成親水公園。也有釣魚棧橋，盛行釣日本白鯽。知名的賞櫻名所，春天可以在滿開的櫻花下垂釣。

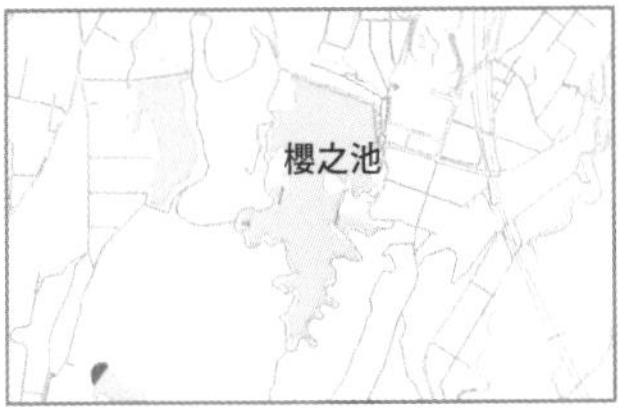

根據國土地理院標準地圖製作

人工池（灌溉池）

龍之池

三重縣鈴鹿市伊船町

這裡，流傳著某個傳說。因爲池子的堤防損毀了好幾次，困擾的村民在討論之後，決定把第一個拿便當來的人當作犧牲的人柱。毫不知情背著便當來的，是無依無靠的下女阿龍。聽了詳情，她說願意爲了村子犧牲，不過那之後，池子裡就出現了像是背著便當般，背上長了瘤的魚。到了昭和年間，當地也仍然恐懼阿龍作祟。今日在堤防旁邊，還立著「阿龍之靈碑」。

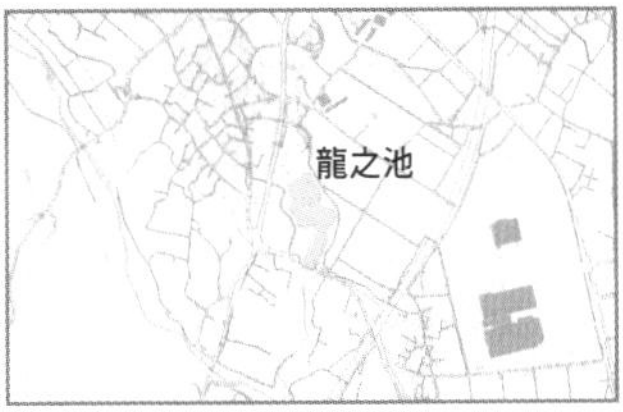

根據國土地理院標準地圖製作

天然池（潟湖）

阿彌陀池

愛媛縣西宇和郡伊方町井野浦

面朝九州，伸著細細長長手腕的佐多岬半島，坐擁三崎港的海灣南側的海岬，在其最前方的附近，有四國最西邊的天然池。位置就在海岸旁，混合了素樸和謎樣的氛圍。池子的成因是潟湖（見26頁）。傳說中，龍王戀上了池子的美麗，想要據爲己有卻無法如意，所以將大海弄到天翻地覆才回去。爲了不讓龍王再度前來，村人們在此祭奉阿彌陀，這就是池名的由來。

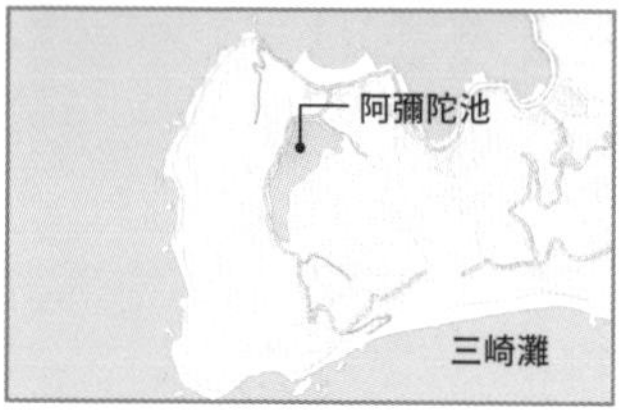

根據國土地理院標準地圖製作

人工池（灌溉池）

鶴田沼

栃木縣宇都宮鶴田町

之前隨著周邊的都市化，結束了農業用灌溉池的角色，連管理人也沒有，只是任憑荒廢。去沼澤的人，只有釣客而已，連當地的居民都對這裡感到有點不舒服，但後來發起了「復育鶴田沼自然會」。爲了復原生態體系，持續「放水」（見159頁）等努力，後來以八丁蜻蜓爲首，各種貴重的動植物都來到這片明朗的綠地。以地方爲主題的環境保育受到肯定，也得到縣知事的表彰。

根據國土地理院標準地圖製作

天然池

川原大池

長崎縣長崎市宮崎町

位在和海水浴場比鄰、奇妙位置的川原大池。湖周長2.4公里的池塘，是長崎縣內最大的淡水湖。川原大池公園的停車場也兼作海水浴場的停車場。還出現了「長崎有川原大池」的說法，因爲這裡是日本白鯽釣場的麥加聖地。步道維護得很好，也可以散步。別名也稱爲「龍之池」，傳說領主女兒阿池姬和船一起沉到池子裡，化成龍身，成爲村子的守護神（見84頁）。

根據國土地理院標準地圖製作

人工池（灌溉池）

加古大池

兵庫縣加古郡稻美町加古

全日本有21多萬座的灌溉池，兵庫縣就保有將近四分之一的數量，是日本第一。其中最密集的是東播地區。尤其是加古大池的所在之地「稻美」，自豪於優秀的池泊文化，將池子稱爲「美術館」，積極地將其納入學習場域。池群也被選爲「灌溉池百選」。池古大池中不只設有灌溉池資料館，也開放了水邊休閒活動如釣魚或風帆等。

根據國土地理院標準地圖製作

人工池（灌溉池）

日光池

鳥取縣鳥取市氣高町日光

除了冬天以外，會把水抽乾，轉作水田使用，眞的是很稀奇的池子。池子因爲轉成水田，池主逃到海裡，變成怪魚「蛇鯨」。村人們恐懼池主銜恨作祟，建立了日光大明神祭拜。但是，後來還有吃了捕捉到的蛇鯨，卻被詛咒而吃壞肚子的傳說。蛇鯨指的是眞實存在的皇帶魚（Oarfish，俗稱地震魚、龍宮使者）吧？

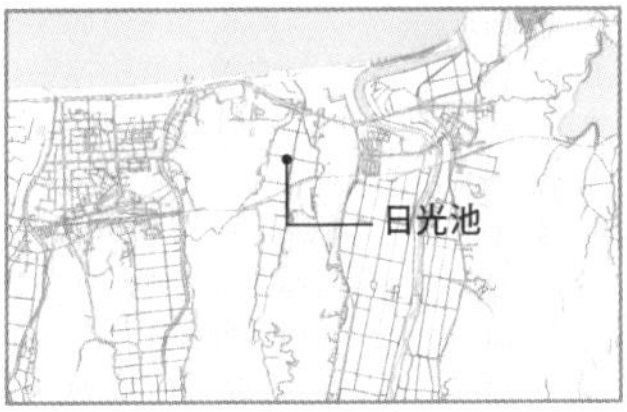

根據國土地理院標準地圖製作

天然池（斷層湖）

深見之池

長野縣下伊那郡阿南町東條

旁邊的山腳下民家林立，看起來是沒什麼特別的普通郊山小池塘吧？其實是以「Lake Fukami-ike」光合成硫磺細菌而聞名國際的天然湖。京都大學等陸水學的研究機構調查了這池子裡大繁殖的光合成硫磺細菌層，寫了相關論文，因此知名度水漲船高。湖周有700公尺，不過從岸邊開始陡深，最深處達8公尺，也有灌溉池的功能。

根據國土地理院標準地圖製作

賦予池子深沉陰影的「傳說」

大蛇與美女是水池傳說的定番

全日本都有大蛇和美麗女子登場的故事，可以說是水池傳說的固定腳本。大蛇多半是池子的主人，綁架人類，在鄉里作惡，成爲被除惡的對象。有時還有因某些情況而投池的女性，變身成大蛇的類型傳說。這麼一說，很少聽到蛇和男性的組合。

池子傳說裡，也有大蛇和龍混淆的情況，在干支上，龍和蛇截然不同，可是有一說是蛇經過長年的修行也可能達至神域，化爲龍神。日本神話裡的八岐大蛇，到底是龍還是大蛇，到現在也還未產生定論。

河童或巨大魚的池主，也常在傳說裡登場。不知爲何，牛也是人氣角色。大蛇化爲牛的例子在山梨縣、新潟縣、宮城縣也出現過。（52、62頁）

棲息於池子裡的謎之生物化為傳說

有些池子被認爲棲息了噁心的異形魚類。野守之池（80頁）有無背鰭的鯉魚、昆陽池（36頁）有獨眼鯉魚、

兵庫縣神崎郡福崎町辻川山公園的池子，出現了看起來很眞實的河童。福崎町也是研究河童的民俗學家柳田國男的出身地。

龍之池（81頁）有背上長瘤的魚。這些都是魚的形態和池子傳說有因果關係的例子。

巨大魚也會生出傳奇故事。高浪之池曾經被目擊到有數公尺級的魚影（148頁）、跟大鳥池（山形縣）的「瀧太郎」能並稱雙璧了吧。兵庫縣相生市的長池，有祭祀江戶時代死掉巨鯉的鱗塚，很難想像令村民畏懼的巨鯉到底多大。

瀧太郎是大島池裡從明治時代就經常被目擊和捕獲的巨大魚，有2～3公尺。1980年代的調查中，捕捉到大型岩魚，但鑑定的結果除了知道是岩魚類的魚以外，沒有更多的了解。照片是瀧太郎館中展示的剝製標本。

人柱傳說是基於真實發生的事

在日本全國都可看到池主借碗給人類的「借碗傳說」，貪心的人類偸換了借來的東西，或是賴帳不還的故事也是共通的。

巨人腳印或是坐過的痕跡變成池子的巨人傳說也是全日本都有。

阻止灌溉池的決堤，作爲最後手段，將年輕女子活埋在堤裡，獻給神明的人柱傳說，也是全國共通，大多數是眞實發生的事。除了用活人獻祭，兵庫縣加古川市也有埋貓的「貓柱」的池子，名字也叫「貓池」。

土木遺產之美！巨大結構物・水庫

第四章

人造池散步

藉由大規模土木工程，耗時經營建造的水庫。既震撼於其巨大的威容，又因水泥造型而心動。不知爲何，人造池也滿溢著引人入勝的魅力。

人造池 十七

河內貯水池

和美麗景觀調和的近代產業遺產

福岡縣北九州市八幡東區

日本全國只有70座左右的石砌堰體的貯水池。相信「土木工程乃悠久的紀念碑」的男人哲學，滲透在建設工程的各個角落、那執著的精神。

湖的周邊有旅館、租借自行車處、自行車專用道路等，休閒設施也建設得相當好。

P 🚻

河內貯水池的設計負責人、官營八幡製鐵所的土木技師——沼田尚德，他書寫的「遠想」，被放在看板上。位於俯瞰堰體的地方，原本是管理塔。跟其他設施的石砌方式不同，只有這裡用圓石組造。

memo

位於河內貯水池往西 5km 的市街，有養福寺貯水池，是同一個設計者製作的兄弟貯水池。細部的講究和河內貯水池極為相似。聽聞一個軼事：因為設計者對細節過於執著，河內貯水池在建設時，來視察的政府官員曾經警告過「太奢侈了」。

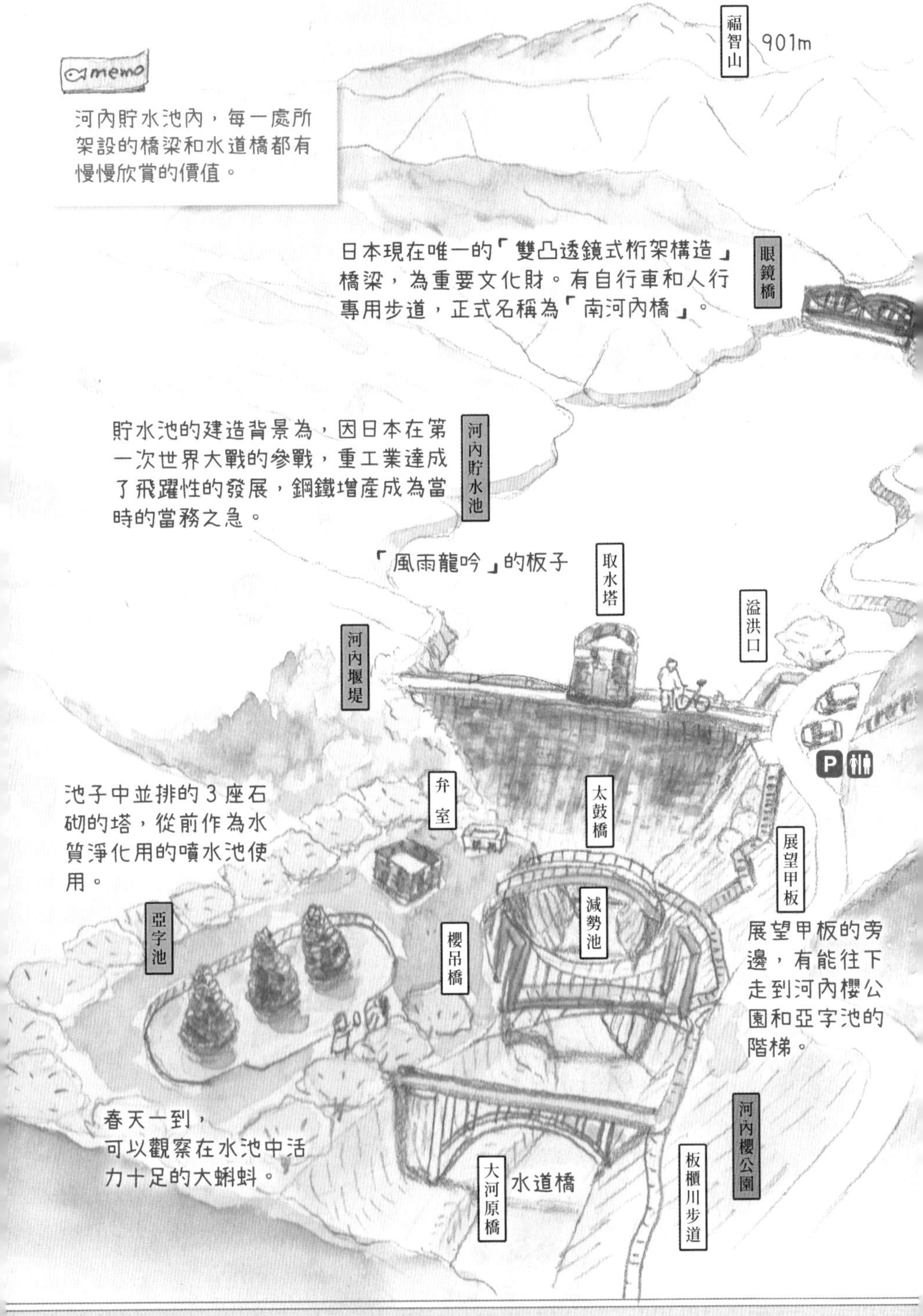
福智山
901m
memo
河內貯水池內，每一處所架設的橋梁和水道橋都有慢慢欣賞的價值。
日本現在唯一的「雙凸透鏡式桁架構造」橋梁，為重要文化財。有自行車和人行專用步道，正式名稱為「南河內橋」。
眼鏡橋
貯水池的建造背景為，因日本在第一次世界大戰的參戰，重工業達成了飛躍性的發展，鋼鐵增產成為當時的當務之急。
河內貯水池
「風雨龍吟」的板子
取水塔
溢洪口
河內堰堤
池子中並排的3座石砌的塔，從前作為水質淨化用的噴水池使用。
弁室
太鼓橋
展望甲板
減勢池
櫻吊橋
亞字池
展望甲板的旁邊，有能往下走到河內櫻公園和亞字池的階梯。
春天一到，
可以觀察在水池中活力十足的大蝌蚪。
大河原橋
水道橋
板櫃川步道
河內櫻公園

支持了日本近代化高度技術的人造池

1901（明治34）年，隨著八幡製鐵所開始運作，日本在重工業領域也敲開了近代國家的大門。成爲舞台的北九州，爲了對應突然激增的工業用水需求，陸續建造了近代型重力式水泥水庫。

因第一次世界大戰日本參戰，鋼鐵增產被視爲當務之急，在此背景下，製鐵所直營的河內貯水池完工。現在也還是現役使用中。

被選爲土木遺產的堰體，讓人想起歐洲古城的石砌外觀，在下雨的春日到訪之際，被打溼的黑色壁面與淡色的櫻花，兩者的對比令人印象深刻。

堰體上方現在做了步道，中間有取水塔。精緻的造型和細膩的石砌，像是聳立於城壁的望樓，是壓卷之傑作。即使隨手碰觸的扶手，都會驚異於其砌石工藝的細緻縝密。由這種纖細的細節累積，組成了巨大的建物，經過將近100年，還是沒有漏水。眞正能感受到那個時代的氣勢和熱情。

這個切口
很像城池！
細石
粗石
細石
切石
細石
粗石
細石
接法很
厲害。
連這種地方
的石頭堆砌
工法都
毫不普通。

河內貯水池的取水塔

因爲是製鐵所專用的貯水池，包含橋梁等設備幾乎都是民間所有，不過被指定爲重要文化財的「南河內橋」（眼鏡橋）等，作爲文化遺產的價值很高，有可觀之處。

貯水池周邊的自行車道鋪設得很好，舊的水道橋等等也改造爲自行車可騎行，是大受自行車騎士歡迎的池泊。

從堰體往下，會遇到「亞」字形的池子

從展望台旁邊的階梯可以走到堰體下方。往下之後，穿過櫻吊橋可以前往對岸。春天時被櫻花塡滿的廣場命名爲「河內櫻公園」。廣場正中央的不可

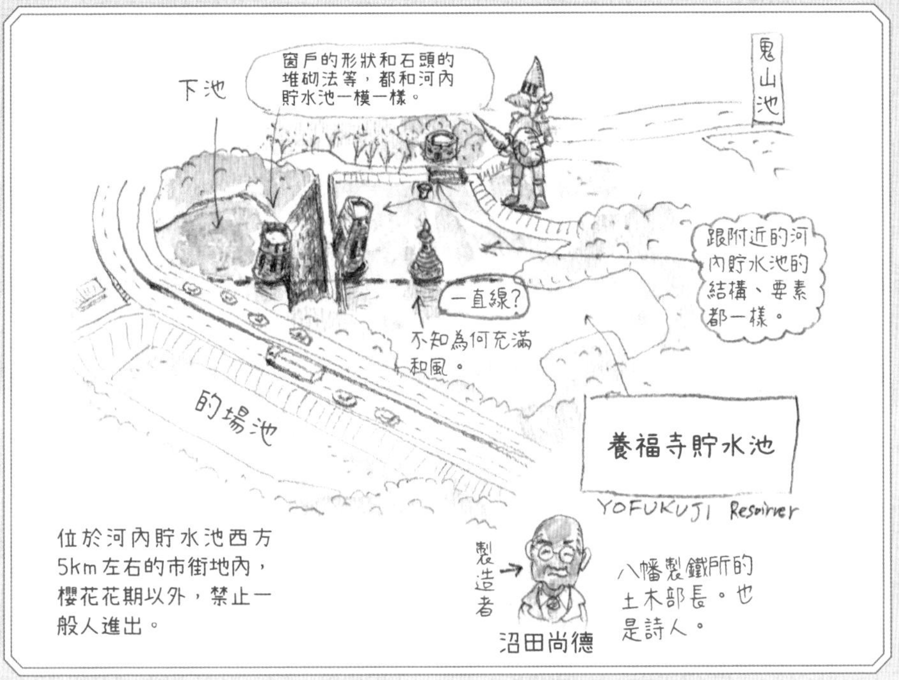
鬼山池
窗戶的形狀和石頭的堆砌法等，都和河內貯水池一模一樣。
下池
跟附近的河內貯水池的結構、要素都一樣。
一直線？
不知為何充滿和風。
的場池
養福寺貯水池
YOFUKUJI Resoirver
位於河內貯水池西方5km左右的市街地內，櫻花花期以外，禁止一般人進出。
製造者
八幡製鐵所的土木部長。也是詩人。
沼田尚德

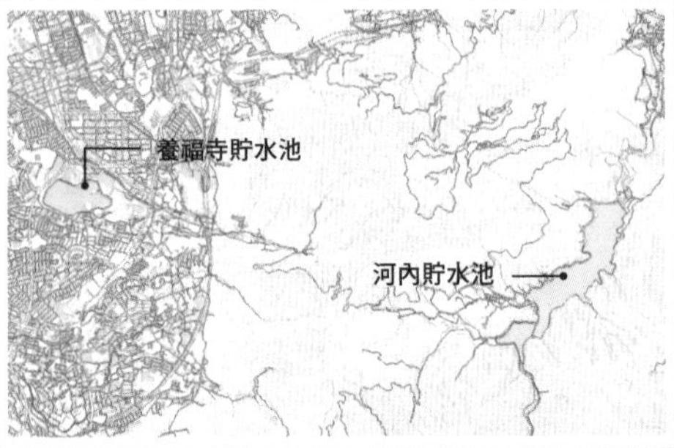
養福寺貯水池
河內貯水池

河內貯水池

- 所在地／福岡縣北九州市八幡東區河內
- 電車／從 JR 九州鹿兒島本縣八幡站出發約 6km
- 開車／從北九州都市高速 4 號線大谷 JCT 出發約 5km，從山路 IC 大約 6km

根據日本國土地理院標準地圖製作

思議的池子裡，有3座塔突出在水面，是爲了淨化從貯水池取出的水源的噴泉。從上方一看，能看到「亞」字，所以被取名爲亞字池。聽說從前在使用時，是會情不自禁想要歡呼的光景。

這種地方，也可以看到設計責任者、也是詩人的土木技師沼田尚德的「土木爲悠久的紀念碑」的思想。

默默地持續支持登錄爲世界遺產的八幡製鐵所的河內貯水池。這麼一說，往下俯瞰堰體的舊管理塔上銘刻的文字，正是「遠想」。

人造池 十八

太田池

在壯觀地形上創造的偉業!! 抽蓄式發電廠的上池

抽蓄式（抽水蓄能）發電利用地形的高低落差，水在上池和下池兩池間來去。上池一定要設在較高的地區，努力地利用地形的特點，也是其魅力所在。

兵庫縣神崎郡神河町

砥峰高原
特異的景觀，因為每年春天舉辦的「燒山」祭得以維持至今。也是電影《挪威的森林》和NHK大河劇〈平清盛〉、〈軍師官兵衛〉的外景地，因此很知名。
砥峰自然交流館
P
砥峰高原之池
在一整面被芒草滿覆的壯觀景色中，如詩如畫的水池。
上池（上部調整池）的太田池和下池（下部調整池）的長谷水庫蓄水池的直線距離只有800公尺。不過，開車移動的話，不得不繞上一大圈，要7公里。

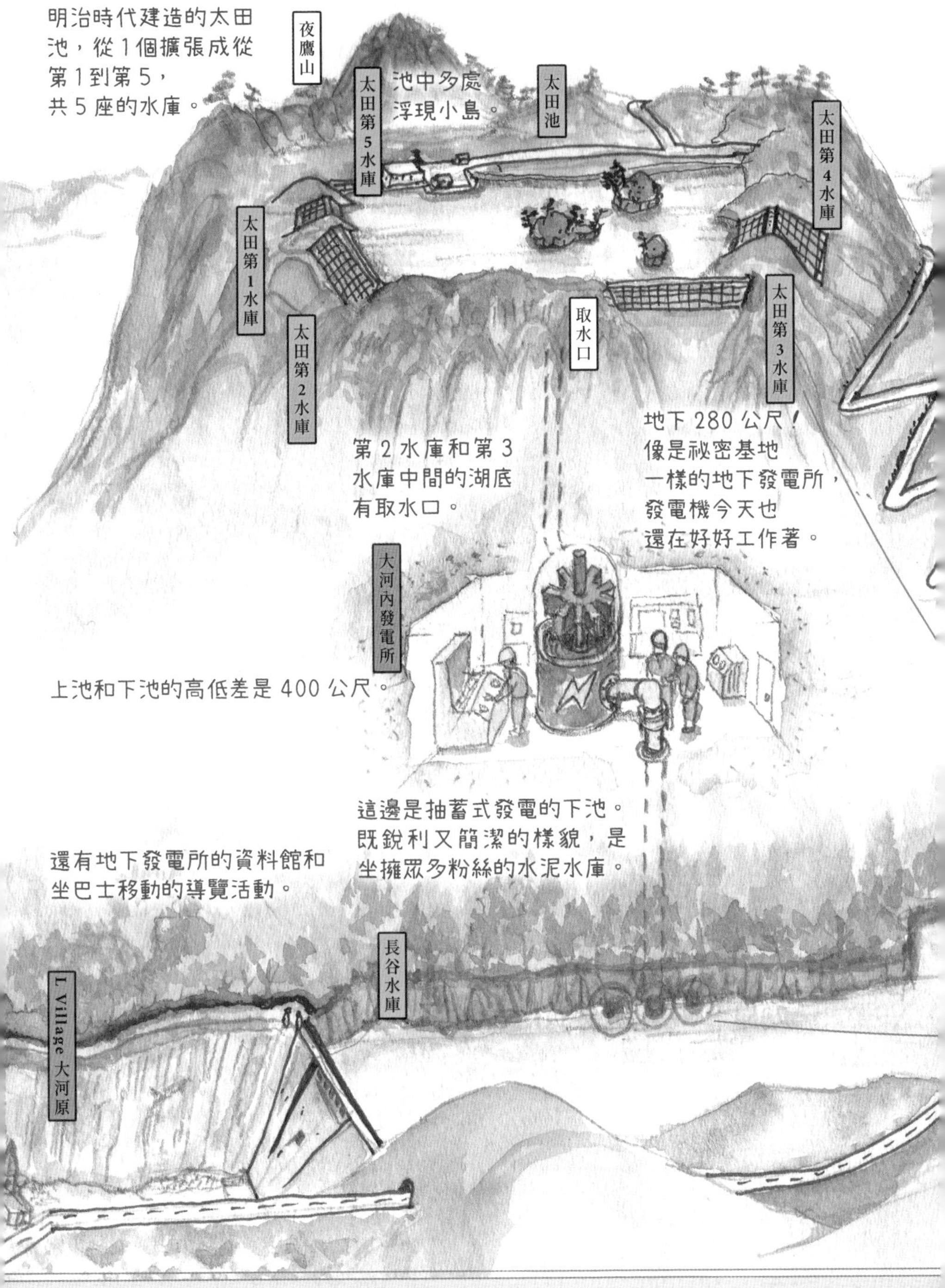
明治時代建造的太田
池，從1個擴張成從
第1到第5，
共5座的水庫。
夜鷹山
太田第5水庫
池中多處
浮現小島。
太田池
太田第4水庫
太田第1水庫
太田第2水庫
取水口
太田第3水庫
地下280公尺！
像是祕密基地
一樣的地下發電所，
發電機今天也
還在好好工作著。
第2水庫和第3
水庫中間的湖底
有取水口。
大河內發電所
上池和下池的高低差是400公尺。
這邊是抽蓄式發電的下池。
既銳利又簡潔的樣貌，是
坐擁眾多粉絲的水泥水庫。
還有地下發電所的資料館和
坐巴士移動的導覽活動。
長谷水庫
L Village 大河原

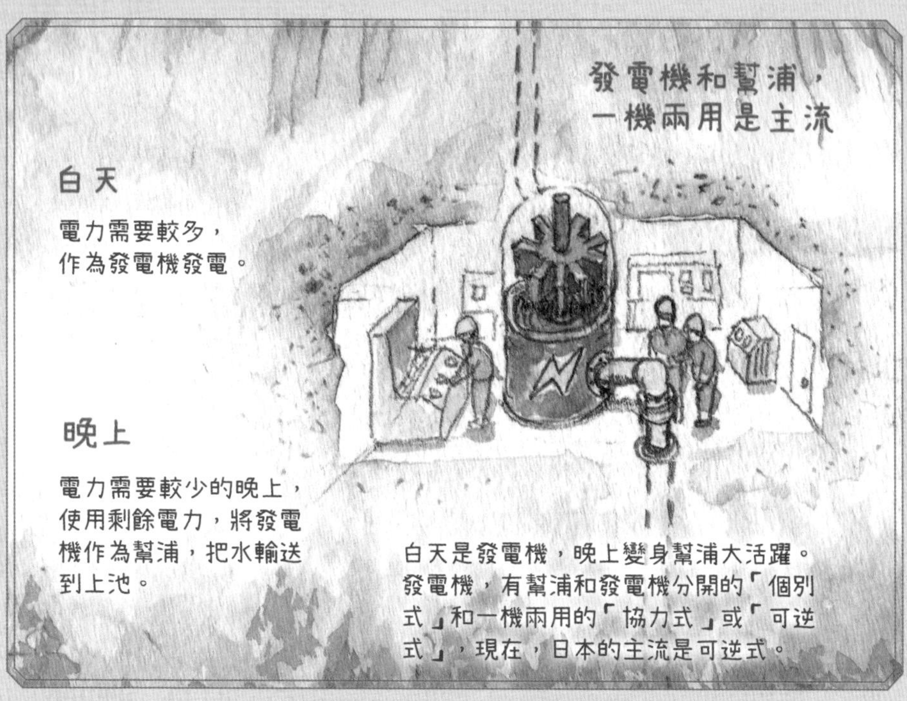
發電機和幫浦，
一機兩用是主流
白天
電力需要較多，
作為發電機發電。
晚上
電力需要較少的晚上，
使用剩餘電力，將發電
機作為幫浦，把水輸送
到上池。
白天是發電機，晚上變身幫浦大活躍。
發電機，有幫浦和發電機分開的「個別
式」和一機兩用的「協力式」或「可逆
式」，現在，日本的主流是可逆式。

白天發電，晚上幫浦雙重角色好幫手

說到水力發電，一般很容易聯想到在深山中的水庫利用水流，轉動水車發電。

實際上，那種水力發電的水庫也不少，發電過的尾水就直接流進河裡。水庫就一逕地截住川流，用在發電上，不過因為如此，對下流區域的影響也很大。

相對於這種傳統的水力發電，抽蓄式發電利用引水隧道連結高海拔的池（上池）和低海拔的池（下池），利用高低差來發電。發電後的水，就存在下池裡。然後電力需要較少的夜晚，利用剩餘電力，將發電機當作馬達，把下池的水再往上打到上池。

核電或火力發電的缺點是不能調整細微出力，抽蓄式發電反過來利用這點，把晚上的剩餘電力變換成水的位能，可以因應電力需要做出細緻的對應。抽蓄式發電可說正是利用自然的充電池。

將明治時代建造的池塘擴張成5座水庫

太田池的景觀，有些是在其他山池看不到的獨特風景。雖然是巨大的山上湖中露出的紅土小島，但周圍並沒有包圍池塘的群山。那也是理所當然，在急峻的山頂上，就直接造

全國式抽蓄式電場發電的上池

因爲白天和晚上的水位變化很大，多數都禁止釣魚等休閒活動，而位於交通難以到達處的池子也很多。

池名	池子的特徵等
高見湖（北海道）	在半世紀前的偉大電源開發計畫下，應運而生。
京極發電所上部調整池（北海道）	像磨缽形狀的上池，說是水庫，更有祕密基地的感覺。
沼澤湖（福島縣）	利用山中的優美天然湖作爲上池。
八汐水庫（栃木縣）	擁有世界第一的高堤柏油圍柵水庫，不過不對外開放。
栗山水庫（栃木縣）	開車可以到堰體下方，不過不能進入水庫湖。
奧利根湖	入選「水庫湖百選」，也可以划船釣魚。
玉原湖（群馬縣）	有停車場、廁所，也開放參觀。
奧三川湖（長野縣）	位於日本第一高處的水庫。有停車場和廁所。
大菩薩湖（山梨縣）	世界最大規模的抽蓄式水庫的上池。可參觀。
黑田水庫（愛知縣）	世界少見的兩段式抽蓄式發電的上池。
富永水庫（愛知縣）	上面兩段式抽蓄式發電的中繼池。
東仙鋏金山湖（岐阜縣）	也兼用爲多目的式水庫，對外公開。
上大須水庫（岐阜縣）	入口閘門封閉，包括步行者都不可進入。

池名	池子的特徵等
喜撰山水庫（京都府）	入口閘門封閉，包括步行者都不可進入。
太田池（兵庫縣）	地形是其魅力。可開車進入。
黑川水庫湖（兵庫縣）	有停車場和溫泉。開放的上池。
瀨戶水庫（奈良縣）	關西屈指的祕境水庫湖，一般人只能登山前往。
土用水庫（岡山縣）	跨越了下池和縣境。水庫職員在的時候可參觀。
明神水庫（廣島縣）	一般車不能進入，但據說如果從登山道的話可以進去。
稻村水庫（高知縣）	四國最深處的祕境水庫。有水庫卡（編註）。
穴內川水庫（高知縣）	相較其他水庫爲較容易抵達，上池有開放。
大森川水庫（高知縣）	前往的路徑是 11 公里的泥土路。
天山水庫（佐賀縣）	可前往。水庫卡是以現地證明書方式發給。
內谷水庫（熊本縣）	走過了漫長的林道以後可到達？
大瀨內水庫（宮崎縣）	作爲湖底全面鋪裝的池子，是全國最大規模的。

編註：自 2007 年以來，日本國土交通省和水利廳爲其管理的水庫製作了「水庫卡」，記載了水庫的相關基本資訊，分發給來參觀水庫的遊客們，讓大衆可以更了解水庫。

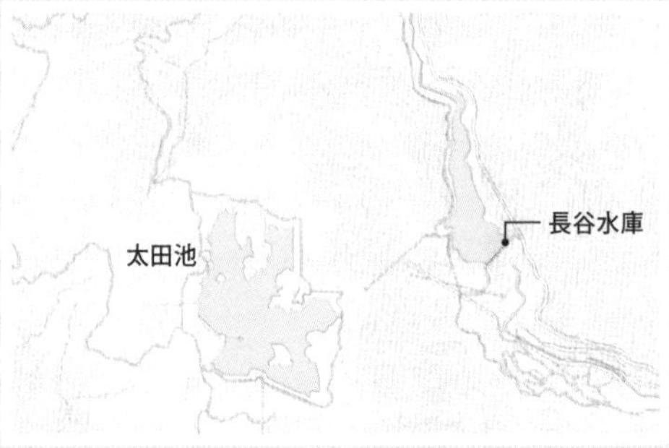

太田池

◆ 所在地／兵庫縣神崎郡神河町南小田
◆ 電車／從 JR 西日本播但縣長谷站到太田第 5 水庫約 12.5km。
◆ 開車／從播但聯絡道路神崎南線到太田第 5 水庫約 20km，從神崎北線約 23km。

根據日本國土地理院標準地圖製作

出了池子。

話雖如此，擁有廣大的湖盆形狀的頂峰，也並沒有很多。太田池當初也是，只是用一個堰堤堰塞的小規模發電用蓄水池。敢於將山頂圍起，把它改造成5座水庫，才成爲今天的樣子。

下池的長谷水庫，明明直線距離只有800公尺左右，但是如果開車的話，要開上7公里迂迴繞一大圈。不懼地形勇於挑戰的偉業，正是抽蓄式發電的骨氣。

人造池 十九

被新的蓄水池吞併的舊池

美女池與成相池

兵庫縣南淡路市

舊池被新池吞食的「水沒水庫」總有種讓人心痛而懷舊的姿態，打動人心。淡路島南部，有兩個不同形態的水沒水庫。

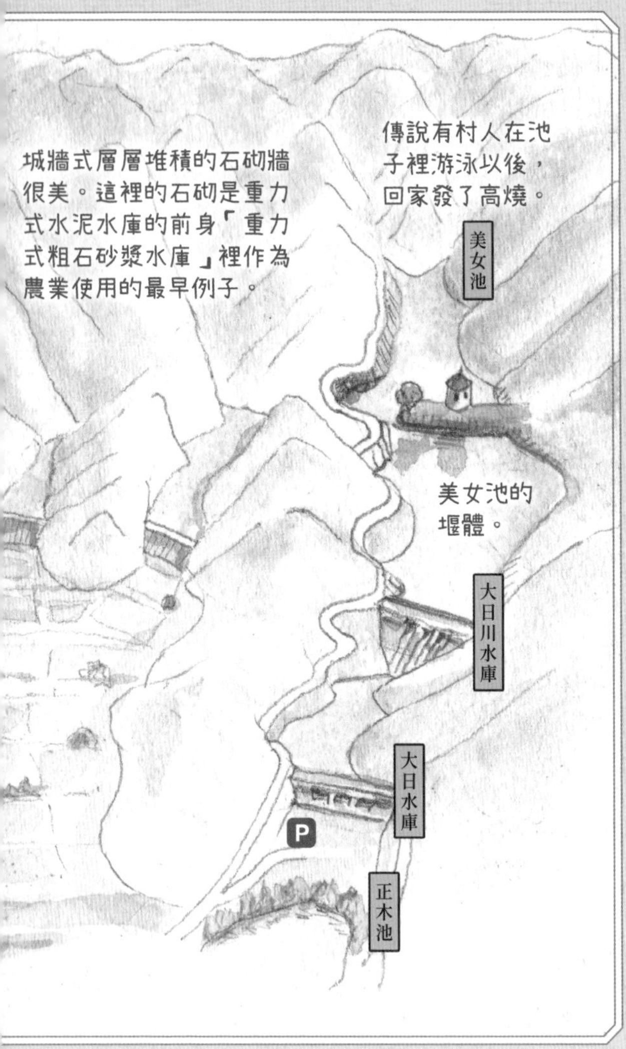
傳說有村人在池子裡游泳以後，回家發了高燒。
城牆式層層堆積的石砌牆很美。這裡的石砌是重力式水泥水庫的前身「重力式粗石砂漿水庫」裡作為農業使用的最早例子。
美女池
美女池的堰體。
大日川水庫
大日水庫
P
正木池

嶄新的大型水庫淹沒了老舊堰體

淡路島的美女池和成相池，在此建造的新的水泥大型水庫，像是吞食了原有舊池。池中可說是舊堰體沉沒於此的「水沒水庫」（被淹掉的水庫）狀態，讓遊客能感受別具風情的景觀。用池子的角度而言的話，大概可以說是「灌溉池被水庫池吞食」的表現吧。成相池中，石砌風的砂漿堰體浮現在蓄水池裡，美女池更是魄力滿點。

重力式水泥水庫的大日川水庫蓄水池中，綿延著一線堤防。堤防中間，像是儲物筒倉般的取水小屋，瀰漫著一股廢墟感，有點恐怖。只有堤防前方長了樹木，立有石碑和小祠。前方堤防消失了，等待著的是深淵。對岸道路像是避開深淵般彎曲，不尋常的空氣，讓我想起了這個池子的傳說。

無論如何，池底的洞穴與海水相通，生活在這裡的大蛇在海與池間來去，這類傳說，是真還是假？大蛇化爲美女，這也是池名的由來典故。

美女池的建造在江戶初期。江戶晚期曾經崩壞一次，後被修復。

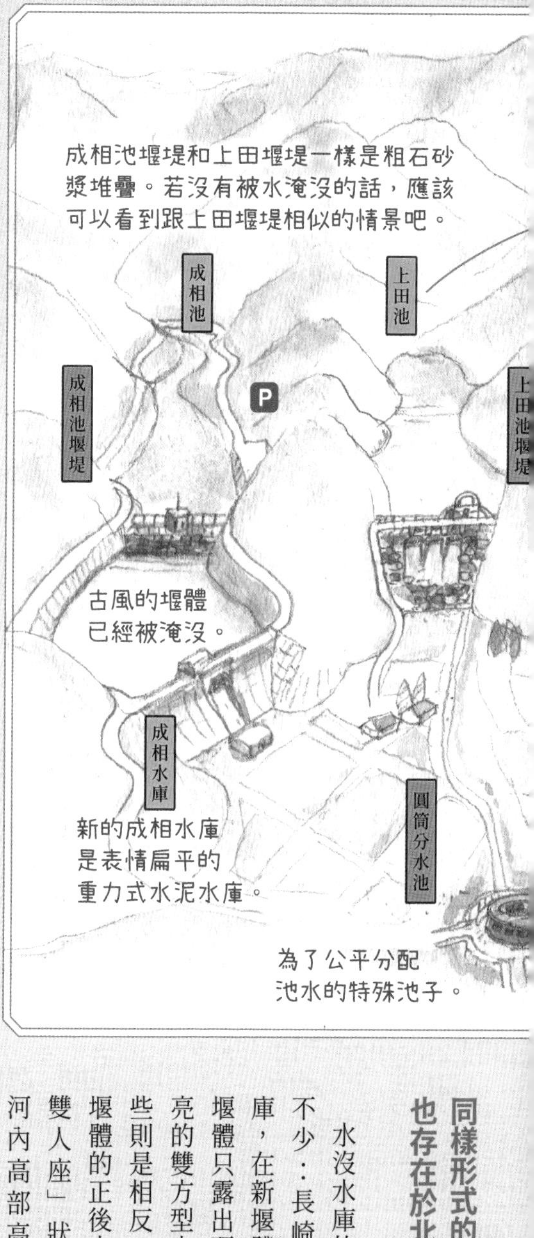
成相池堰堤和上田堰堤一樣是粗石砂漿堆疊。若沒有被水淹沒的話，應該可以看到跟上田堰堤相似的情景吧。
成相池
上田池
成相池堰堤
上田池堰堤
P
古風的堰體
已經被淹沒。
成相水庫
新的成相水庫
是表情扁平的
重力式水泥水庫。
圓筒分水池
為了公平分配
池水的特殊池子。

同樣形式的「水沒水庫」也存在於北海道和九州

水沒水庫的例子可舉出不少：長崎縣的西山水庫，在新堰體正後方，舊堰體只露出頭部，堪稱漂亮的雙方型水沒形式。有些則是相反，新堰體在舊堰體的正後方建造的「逆雙人座」狀況，像是本河內高部高源池（106頁）；北海道的修伯羅湖（105頁）只有枯水期會露出舊堰體的樣子，很有趣味。這幾座水庫都展現出舊堰體和新水庫的共演，能感受到懷舊的魅力。

公平分配用水——特殊造形的圓筒分水池

在成相池和上田池下方廣布的平原地帶，有一座雖然樸素但也擔負重要角色的池子。位於道路邊水路的一端，不仔細注意就會沒看到，是能公平分配蓄水池用水的圓筒分水池。

圓筒分水池，不僅正確地對應農地大小，進行複雜的水源分配，它的公平性，也能在視覺上實際感受，這一點十分優異。淡路島的圓筒分水池是相當於大桶的尺寸，而神奈川縣或岩手縣也有巨大的圓筒分水池（104頁）。

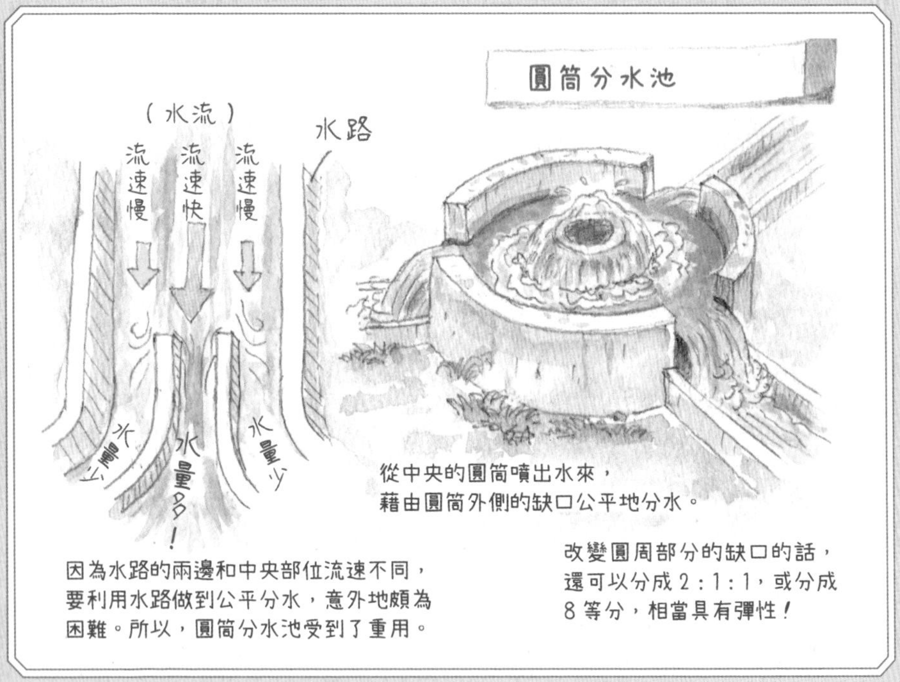
圓筒分水池
（水流）
水路
流速慢
流速快
流速慢
水量少
水量多！
水量少
從中央的圓筒噴出水來，
藉由圓筒外側的缺口公平地分水。
因為水路的兩邊和中央部位流速不同，
要利用水路做到公平分水，意外地頗為
困難。所以，圓筒分水池受到了重用。
改變圓周部分的缺口的話，
還可以分成2：1：1，或分成
8等分，相當具有彈性！

圓筒分水池
成相池
上田池
美女池

根據日本國土地理院標準地圖製作

美女池與成相池

◆ 所在地／兵庫縣南淡路市北阿万稻田南・淡路市八木馬回

◆ 開車／美女池，從神戶淡路鳴門自動車道西淡三原 IC 到大日川水庫約 12km，從洲本 IC 約 18km。成相池，從神戶淡路鳴門自動車道西淡三原 IC 約 10km，從洲本 IC 約 12.5km。

人造池

二十

青土水庫貯水池

好嚇人……的雙層「水庫穴」

滋賀縣甲賀市

放眼世界也是超珍奇，擁有2層樓的連續水庫穴，走訪巨大構造物的基礎建設觀光行程很受歡迎。休閒要素也很充實，有心營造魅力的人造湖。

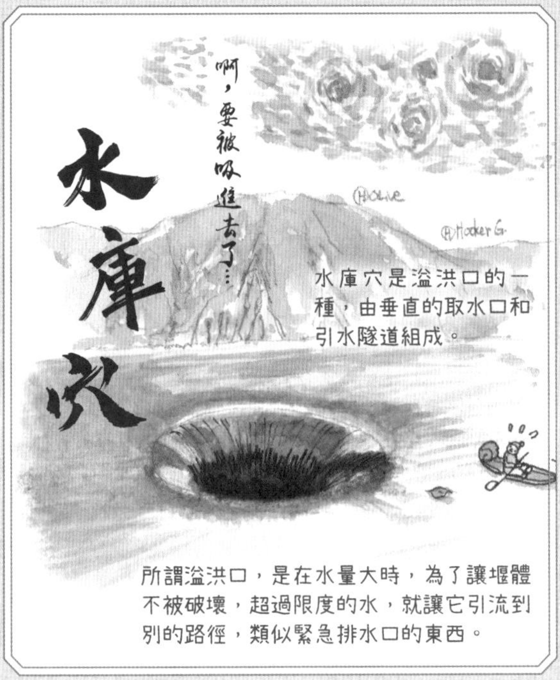
啊，要被吸進去了…
水庫穴
水庫穴是溢洪口的一種，由垂直的取水口和引水隧道組成。
所謂溢洪口，是在水量大時，為了讓堰體不被破壞，超過限度的水，就讓它引流到別的路徑，類似緊急排水口的東西。

宛如現世地獄圖？「水庫穴」的蠱惑

水庫的一角有一排觀光巴士。從巴士裡面，哇啦哇啦地吐出老女老少。那些人拿起手機或相機，對準了導遊指示的方向。

是因爲基礎建設觀光行程很受歡迎嗎？這個滋賀縣的縣營水庫，成了類似人氣景點的地方。大家的看點都是被稱爲「水庫穴」的水庫設備，那是遇洪水時，爲了要排除出多餘水、作爲「溢洪口」之用的設施。大雨之後，如果運氣好，應該可以看到像地獄繪卷般、池子裡突然出現的黑洞。就算不是水庫迷，應該也會被「水轟然被吸進去」的光景迷住吧。

青土水庫除了「水庫穴」以外，也是充滿魅力的蓄水池。水庫湖左岸有厚度的大山，在山麓的位置舒緩地斜入湖面。巧妙利用這種絕妙的地形，以公園的形式，在池岸塞進了種種休閒元素。

世界僅此一例 雙層＋2個水庫穴

國外常見的360度圓周，在湖面完整的「水庫穴」，在日本國內幾乎快絕跡了。通常在洞的上方，會用網子或是水泥蓋等覆蓋住，以預防危險發生。

青土水庫的洞是半圓形，雖然一部分連接了堰體，不過洞是露出來的，而且是雙層形式，這應該是受歡迎的理由吧。而且半圓形水庫內的上方，還有四角形、附水閘的溢水道疊在上方。也就是說，是2層樓的水庫穴，還是2個並排的構造，放眼世界中都是十分稀奇。

新水庫的完成 掩埋了舊的蓄水池？

青土水庫的貯水池，開車的話並不難到達。車子可以穿過堰體上方，一邊看著左邊的溢洪口和取水塔往前進，可以往下開到湖岸。水庫一般而言都在急峻的湖岸邊，很難設置親水區（128頁），但此處巧妙活用流入側的平緩地形，用心設計了能安全親水的休閒空間。

像是從袖子往內流進來的大大的山谷，是「生態谷 eco valley」，設了露營場、林間廣場，不過看到這裡的地形，忍不住會「嗯嗯」地發出聲音。在山谷中展開的3個廣場，像是填平了蓄水池般的形狀，又或者是青土水庫蓋好前的蓄水池嗎？我這樣推測，但是問了公所，很遺憾的，以前並沒有池子。

為了管理的效率和簡約，大蓄水池完工了，古老的小水池達成了自己的使命。飽覽水庫周邊的地形，有時也會碰上沒想過的事。

目前流入蓄水池的水路上方的山谷蓋了公園。汽車露營地、林間廣場、停車場的3塊土地，像是掩埋了水池後會出現的形狀。

水庫穴型的溢洪口，下半部分是半圓型自然溢流形的常用溢洪口，上半部分是附有四角形閘門的緊急用溢洪口的二段式構成，雙重設計、雙倍安心。

停車場在堰體旁、取
水塔的附近，左岸
有好幾處停車場。
藍川公園
浮棧橋
青土水庫貯水池
石神谷公園
生態谷
櫻公園
採石場
小筏停泊處和水
槽圍起來的釣魚
濠和釣魚棧橋。
釣魚棧橋
取水塔
入口廣場
堰體上方的步道高欄，
形狀也極富個性，大石
頭像是裝置藝術
一樣分配在步道上。
溢洪道
縣營的多目的水庫，形式像
是砌石的要塞，外表很有魅
力的堆石壩水庫。左岸側的
水泥製溢洪道很顯眼，乍看
之下像是複合型水庫。

青土水庫

青土水庫貯水池

- 所在地／滋賀縣甲賀市土山町青土
- 電車／從 JR 西日本草津線・信樂高原鐵道信樂線・近江鐵道的貴生川站出發約 18km。
- 開車／從新名神高速道路的甲賀土山 IC 出發約 9km。

根據日本國土地理院標準地圖製作

布引貯水池

撐過了阪神大地震、日本最古老的水泥構造池

在高樓大廈聳立的新幹線新神戶站車站後方，竟然有著和充滿靈氣的瀑布相連的溪流。信步前往，被選爲重要文化財的貯水池正在前方等待。

兵庫縣神戶市中央區

風之丘中間站
神戶市立布引藥草園
P
布引五本松堰堤
1900（明治33）年竣工。經過一百多年，目前還是現役服務中。正式的型式名稱超長！「表面鋪石粗石砂漿砌拱型重力式」。雖然看起來像是石砌的，不過裡面是水泥。看起來像石砌，是因為使用了砂漿型框的切石照著原樣被保存了下來。
布引瀑布
新幹線車站的鐵橋下，有步道入口。布引貯水池從這裡徒步可達。

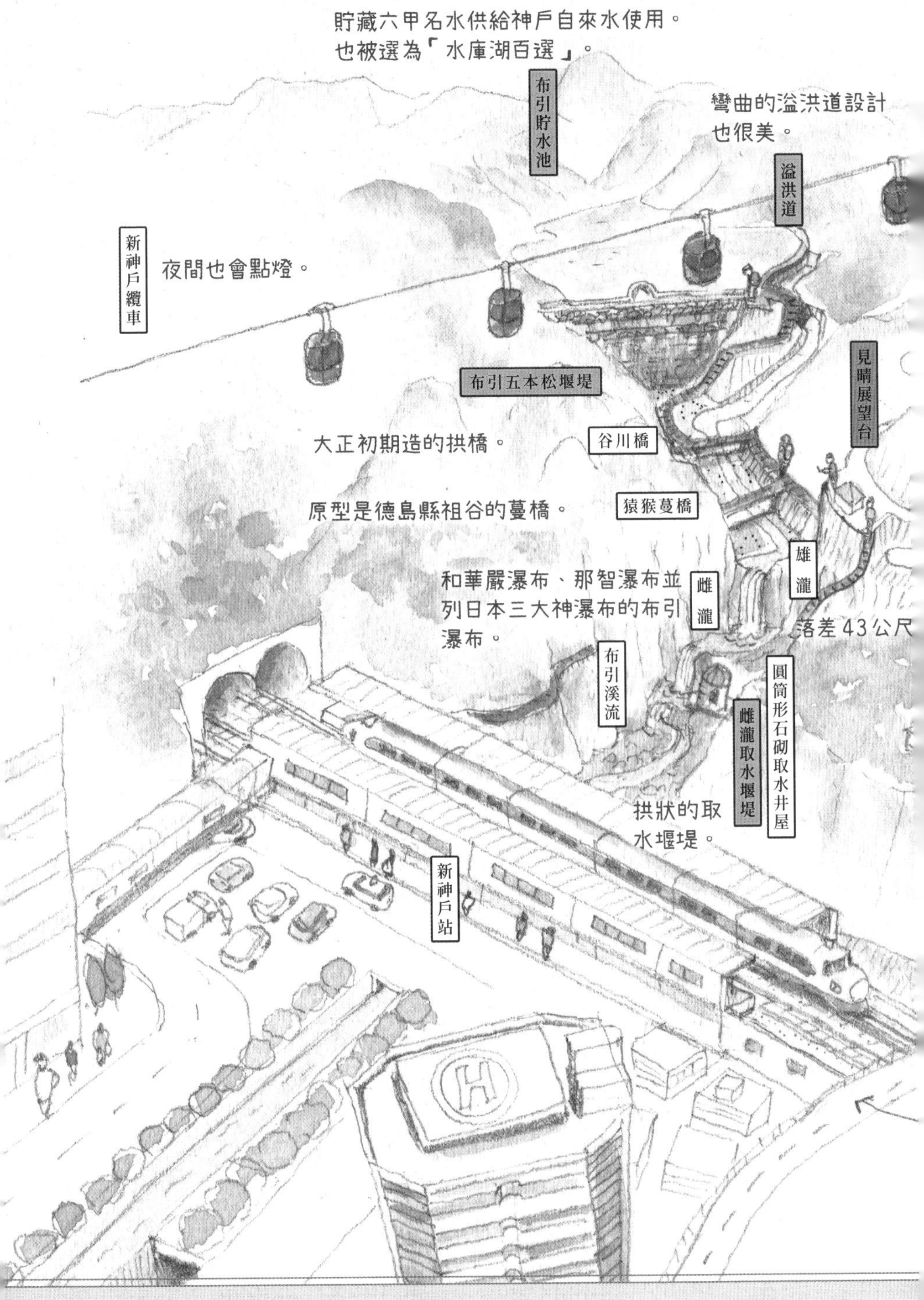
貯藏六甲名水供給神戶自來水使用。
也被選為「水庫湖百選」。
布引貯水池
彎曲的溢洪道設計
也很美。
溢洪道
新神戶纜車
夜間也會點燈。
見晴展望台
布引五本松堰堤
大正初期造的拱橋。
谷川橋
原型是德島縣祖谷的蔓橋。
猿猴蔓橋
和華嚴瀑布、那智瀑布並
列日本三大神瀑布的布引
瀑布。
雌瀧
雄瀧
落差43公尺
布引溪流
圓筒形石砌取水井屋
雌瀧取水堰堤
拱狀的取
水堰堤。
新神戶站

新幹線車站的後面藏有重要文化財的蓄水池

高樓大廈和高層飯店林立的新神戶站。從新幹線車站的窗戶往外一看，竟然出現了只在深山裡的溪流景觀，令人驚訝不已！雖然是擁有港灣和機場的國際都會，卻顯示出了神戶背負著急峻的六甲山的另一種面貌。

從車站過去的直線距離僅700公尺，走上步道，經過重要文化財的橋梁和3個有名的瀑布，往前方看去，被深深綠意圍繞的布引五本松堰堤鎮座於此。這是日本第一座重力式水泥水庫，被指定爲重要文化財。完工時間竟然在1900（明治33）年，它不只作爲神戶的自來水水源活躍了一百年以上，也撐過阪神大地震。

進行耐震補強工事時也運出了大量的砂土

如同人手所造之物的常理，人造池也有壽命。布引貯水池，在大地震後進行了大規模的修建工程。

因爲堰堤是重要文化財，依原樣保留了外壁的石砌，只更換中間的水泥，水面下的地方就增補支撐結構，進行耐震補強，期待能萬全保護。

施工時放掉水的時候，聽說底部積累了達蓄水量一半左右的砂石。不斷流入的砂石也是會縮減池水壽命的天敵，所以趁著修建工程同時清運掉了這些砂石。

也被選入「水庫湖百選」的六甲貯水池

六甲水是聞名遐邇的名水，作爲自來水水源供給的布引貯水池，也被選入「水庫湖百選」。

不愧是名水的池子，澄明的池水中倒映著山色。不過，雖是「水庫池百選」中的池水，蓄水池並沒有休閒功能。像布引貯水池這類上水道用的池子，爲了防止水質惡化，很多地方是禁止進入的。

話雖如此，從新幹線車站走路就可以抵達新神戶纜車站，坐上纜車的話，就能輕鬆俯瞰堰體和貯水池，可享絕佳眺望美景。這是布引貯水池的強項。

「水庫池百選」是以地方自治單位推選的蓄水池爲對象，由財團法人水庫水源地環境整備中心所選定的。雖說是百選，不知道是不是因爲覺得今後還會蓋新的水庫，目前實際上入選的只有65座。說到水庫，容易讓人聯想到巨大構造物的堰體，不過聚焦在蓄水池的百選，實在是可喜可賀。

要來趟里池周遊的話，「灌漑池百選」（190頁）可以當作很好的導覽，要進行人造池周遊的話，有水庫湖百選就放心了。今後也很期待空著的35席的加入。

「水庫湖百選」一覽表

雖說是「水庫湖百選」，現在只選了 65 座。今後應該會增加。

池名	水庫湖名	所在地	景觀和設備等
1	富里湖	北海道	有開放的親水公園。
2	聖台水庫公園	北海道	雄偉。有水庫園。
3	金山湖	北海道	親水休閒設備充實。
4	定山湖	北海道	坐接駁車或徒步。
5	笹流貯水池	北海道	見 106 頁。
6	川內湖	青森縣	設有道之驛站、親水護岸。
7	岩洞湖	岩手縣	可釣魚，需繳交釣魚費用。
8	御所湖	岩手縣	開放。有停車場。
9	田瀨湖	岩手縣	休閒設施豐富。
10	錦秋湖	岩手縣	鐵道寫真景點。
11	七森湖	宮城縣	可釣魚，需有釣魚證。
12	Asahina 湖	宮城縣	可釣魚，需有釣魚證。
13	釜房湖	宮城縣	湖邊有國營公園。
14	七宿湖	宮城縣	可船釣。
15	寶仙湖	秋田縣	青色湖水很耀眼。
16	月山湖	山形縣	有日本第一大噴水池。
17	羽鳥湖	福島縣	老牌度假湖。
18	田子倉湖	福島縣	不似在日本的景觀。
19	奧只見湖	福島縣、新潟縣	18km 長的隧道。
20	奧利根湖	群馬縣	引擎船可。
21	奈良俣湖	群馬縣	船可，但需入湖申請。
22	野反湖	群馬縣	可釣魚，需要釣魚費用。
23	赤谷湖	群馬縣	可租船、也有釣魚棧橋。
24	草木湖	群馬縣	可玩橡皮艇、釣魚。
25	神流湖	郡馬縣、埼玉縣	可玩橡皮艇、釣魚。
26	狹山湖	埼玉縣	有公園，但湖面封閉。
27	多摩湖	東京都	有公園，但湖面封閉。
28	奧多摩湖	東京都	可釣魚，觀光景點。
29	宮之瀨湖	神奈川縣	親水公園，有獨木舟場。
30	丹澤湖	神奈川縣	可在租的船上釣魚。
31	黑部湖	富山縣	有觀光船。
32	有峰湖	富山縣	有水庫公園。
33	高瀨水庫調整湖	長野縣	參觀要徒步或坐計程車。
34	奧木曾湖	長野縣	有親水公園。
35	高遠湖	長野縣	有步道，釣魚棧橋。
36	美和湖	長野縣	湖邊有道之驛。
37	惠那湖	岐阜縣	斷崖絕景。
38	阿木川湖	岐阜縣	可橡皮艇、可釣魚。
39	佐久間湖	靜岡縣、愛知縣	水庫邊有停車場。
40	三河湖	愛知縣	釣魚須繳交費用。
41	永源寺湖	滋賀縣	水庫一側有公園。
42	虹之湖	京都府	可在租借船上釣魚。
43	天若湖	京都府	也有設置道之驛站，很受歡迎。
44	知明湖	兵庫縣	有公園但湖岸險峻。
45	布引貯水池	兵庫縣	可以健行前來。
46	池原貯水池	奈良縣	可釣魚但須繳交費用。
47	椿山水庫湖	和歌山縣	水庫一側有停車場。
48	神龍湖	廣島縣	湖畔是溫泉旅館的觀光地。
49	八千代湖	廣島縣	人氣休憩湖區。
50	龍姬湖	廣島縣	有水庫公園、資料館。
51	本庄貯水池	廣島縣	有水庫公園。
52	彌榮湖	廣島縣、山口縣	有租船。
53	小野湖	山口縣	也是釣魚節目的外景地。
54	滿濃池	香川縣	見 105 頁。
55	朝霧湖	愛媛縣	有休閒設施。
56	早明浦湖	高知縣	四國最大的休閒湖區。
57	上秋月湖	福岡縣	湖邊有停車場。
58	美奈宜湖	福岡縣	湖邊有大公園。
59	鷹島海中水庫湖	長崎縣	見 105 頁。
60	北川水庫湖	大分縣	湖邊有道之驛站。
61	日向椎葉湖	宮崎縣	可釣魚，須繳交費用。
62	大鶴湖	鹿兒島縣	公路的日本白鯽釣場。
63	福上湖	沖繩縣	有資料館。也有獨木舟體驗。
64	Kanna 湖	沖繩縣	有湖畔公園，但禁止釣魚。
65	倉敷湖	沖繩縣	有展望塔，水庫資料館。

布引貯水池

◆ 所在地／兵庫縣神戶市中央區葺合町山郡

◆ 電車／從 JR 西日本山陽新幹線、神戶市營地下鐵山手線、北神急行電鐵北神線的新神戶站約 4km，從三宮站、JR 三宮站、神戶三宮店約 5.5km。

根據日本國土地理院標準地圖製作

逛逛

人造池

人類爲了治水所造的人造池
它的規模之大，
卻常常壓倒了人。
不因其絕妙地調和了自然與人工的模樣
而感到心神震蕩的人應該不存在吧？
希望你們能享受
集結人類智慧的人造池魅力。

人工池（貯水池）

豐稔池

香川縣觀音寺大野原町田野野

5個石拱以石砌體相連，是日本唯一結合扶壁式堰體（108頁）特徵的水庫。日本唯二的複式拱水庫型式和只有8例的扶壁型式的複合體，只要是水庫迷必定垂涎不已。溢洪道做成塞風式等日本獨特的巧匠工藝，在此也能看到，可說是大正到昭和初期的農業土木、水庫技術的結晶。以「豐稔池堰堤」之名被指定爲文化遺產，蓄水池也被選定爲「灌漑池百選」。

型式	複式拱水庫
堤高	30.4m
堤長	145.5m
堤體積	39,500m³
滿水面積	15ha
貯水量	1,643,000m³
停車場	有

人工池（分水池）

下九澤分水池

神奈川縣相模原市綠區下九澤

住宅區裡像鑿穿了一個大洞般的巨大石砌體圓形競技場，下面有個圓形的池子。所謂的圓筒分水池，是只利用自然力，能用正確的比例分配水源的設備（96頁）。都建造了水池以減緩水不足的問題，卻常在分配水量的時候又掀起新的爭執。圓筒分水，就是終極的解決之道。最近產業遺產風潮當紅，圓筒分水池也得到注意，而且現在也還現役使用活躍中，眞是令人驚訝。

型式	分水工
內徑	35m
高度	4.15m
深度	2.72m
停車場	無

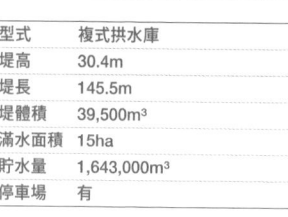

修波羅湖

人工池（貯水池）

北海道夕張市鹿島國有地

波羅湖，一開始是爲了供給農業用水的大夕張水庫的蓄水池。但是，2015（平成27）年，堰體正下方新造的日本國土交通省直轄的夕張修波羅水庫完工，大夕張水庫沉沒到湖面以下，成爲水沒水庫。新的修波羅湖得到從前的5倍貯水量，變身爲國內第二大的巨大湖泊。冬天的枯水期，像是被新水庫背著一樣，舊水庫會在湖面露臉。

型式	重力式水泥水庫
堤高	110.6m
堤長	480.0m
堤體積	880,000m³
滿水面積	1510ha
貯水量	427,000,000m³
停車場	有

滲透實驗池

人工池（實驗池）

千葉縣木津市畔戶

從上空俯瞰，像是古代魚的眼睛，所以也被稱爲「木更津魚眼」（36頁）。這個圓形的池子，是在高度經濟成長期，爲了確保工業用水，要從海水製造淡水，進行了4年滲透實驗的場所。因爲石油危機，經濟停滯，實驗被中斷，只有池子還留下。雙重甜甜圈構造的池子，中央的池子聽說有10公尺深。曾有過一個壯大構想——如果實驗順利進行的話，會在海岸邊建造巨大的人造淡水湖。

型式	—
內徑	35m
深度	2.72m
停車場	無

鷹島海中水庫湖

人工池（貯水池）

長崎縣松浦市鷹島町里免

「元寇終焉之地」的鷹島，浮在玄界灘上，島周圍長度43公里。爲了對付慢性的缺水，1994（平成6）年，完成了日本第一、也是日本國內唯一的「海中水庫」。聽到海中水庫，可能會想像橫陳在海底的幻想式的水庫，實際上是把沙洲用堰堤分隔造出的池子，加上脫鹽、淡水化的處理，也就是人工式的海跡湖（26頁）。水庫堰體的正下方是漁港，這樣的光景確實非常罕見。

型式	重力式水泥水庫
堤高	29m
堤長	129m
堤體積	31,000m³
滿水面積	7ha
貯水量	593,000m³
停車場	有

千本貯水池

島根縣松江市西忌部町

飄曳著不凡風格的古老石砌堰體，是島根縣松江市的自來水水源，於大正時代所造。當地的解說牌上記著大家不太熟悉的水庫型式「越流式直線重力粗石水泥水庫」。竟是山陰地方第一個水泥水庫。現在也還湛滿了水提供服務中，被指定爲土木遺產及被登錄爲有形文化財。水多的時候，水流於堰體溢出處，如瀑布般向下奔流的白練之姿很有靈氣。

型式	重力式水泥水庫
堤高	16m
堤長	109m
堤體積	7,000m³
滿水面積	10ha
貯水量	387,000m³
停車場	有

本河內高部水庫

長崎縣長崎市本河內

明治時期竣工的拱狀水庫，是日本最初的水道專用水庫。堰體正後方附有水泥擋土牆，看似土製水庫背著水泥水庫般的稀有結構。鑑於其土木遺產的價值，爲了保存舊堰體，使用了像在後方背著新水庫般的特殊工法。對比於治水機能加乘了的新水庫，舊的土製水庫，改成水庫公園，開放給當地區民，過著優雅的隱居生活。

型式	重力式水泥水庫
堤高	28.2m
堤長	158m
堤體積	54,000m³
滿水面積	5ha
貯水量	496,000m³
停車場	有

笹流水庫

北海道函館市赤川町

日本第一個扶壁式構造的水庫（108頁）。讓人想起舊監獄要塞，充滿威嚴感的水泥結構，像是誤入異世界一般。櫻花時期賞花的遊客很多。從廣場走步道登上堰體，滿湛綠寶石水色的貯水池在眼前開展。扶壁式水庫多是民間營運，這裡是公營的，這點也很少見。也被選爲「水庫湖百選」和土木遺產。

型式	扶壁式水庫
堤高	25.3m
堤長	199.4m
堤體積	16,000m³
滿水面積	7.6ha
貯水量	607,000m³
停車場	有

人工池

大源太湖

新潟縣南魚沼郡湯澤町大字土樽

海拔1598公尺，也被稱爲「東洋馬特洪峰」的大源太山上的蓄水池，毫無人造感，充滿了野性。原本叫做野尻之池，曾是戰國時代陰謀與謀殺劇的舞台。池子的上下流是被稱爲「大源太峽谷」的斷崖溪谷。1939（昭和14）年，在這裡營造了擁有日本最早拱構造、高達18公尺的防砂堰堤，後來成爲大源太湖。並非以蓄水爲目的，而是防砂水庫的堰塞湖，這點也很有趣。登錄爲有形文化財。

型式	拱式防砂堰堤
堤高	18m
堤長	33m
堤體積	1,609m³
滿水面積	——
蓄砂量	550,000m³
停車場	有

人工池（貯水池）

高瀨水庫

長野縣大町市平

東京電力管理的發電用水庫，堤高176公尺，是日本最高的堆石壩。蓄水池也被選進「水庫湖百選」。水庫的湖水顏色被稱爲「高瀨藍寶石」，呈現了獨特色彩。停車場所在的七倉山莊，再往前就不能開自家車或騎腳踏車，所以只能徒步或搭指定的計程車。管制道路的目的是爲了運出流入高瀨水庫的大量砂土，所以大型砂石車總是排隊在路上跑。維護管理好像很辛苦。

型式	中央土質遮水壁型堆石壩
堤高	176.0m
堤長	362.0m
堤體積	11,590,000m³
滿水面積	178ha
貯水量	76,200,000
停車場	有

人工池（沉澱池）

中澤鑛滓水庫

秋田縣鹿角市尾去澤獅子澤

尾去澤鑛山史蹟之一。1936（昭和11）年，被稱爲「尾去澤鑛山鑛滓水庫崩壞事件」的鑛滓水庫的兩度崩毀，選鑛後貯存的砂土吞噬了正下方尾去澤的城鎮和374條人命。現在看得到的堰體是重建的，高度也沒那麼高，崩塌時的高度高達60公尺。土石流的威力簡直難以想像。鑛滓因爲含有有毒物質，現在也還受到管理。

型式	鑛滓水庫
堤高	——
堤長	——
堤體積	——
滿水面積	——
貯水量	——
停車場	無

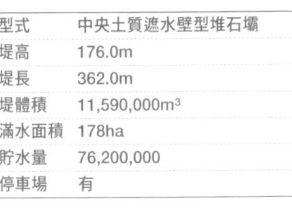

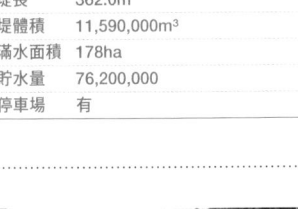

超稀有！
全日本只有 7 座的扶壁式堰體

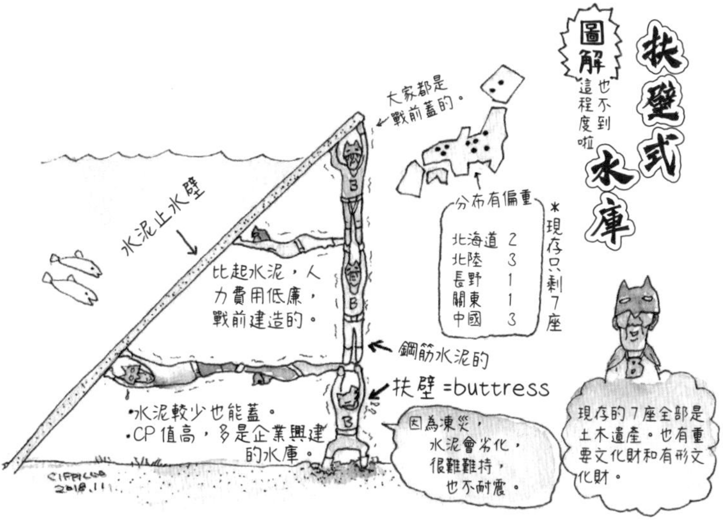

因爲外表的美和稀有性，很受水庫宅宅歡迎的「扶壁式」形式的堰體。

承受巨大水壓、薄薄的水泥止水壁，由纖細骨架的鋼筋水泥的扶壁支撐著。

在水泥很貴的時代，因爲材料稀少也能製作，所以備受矚目。而在深山裡如果有興建水庫的必要，運輸材料的運費也能降低。

以電力公司爲首的大企業們注意到這一點，戰前的某段時期，興建了 10 座左右，不過構造複雜，維修也不簡單，而且後來水泥變便宜了，幾乎就沒再興建這類水庫。

國內現存的扶壁式堰體有 7 座。都被認定爲土木遺產。也有被指定爲國家重要文化財的（39 頁）。

現存 7 座以外，1 座改爲堆石壩，1 座崩毀了，後來改建爲公園。7 座裡奧津發電所調整池雖然還現存，不過堤高未滿 15 公尺，在河川法上不被認定爲水庫。但被選爲有形文化財。

水庫名	所在地	堤高	管理者
笹流水庫（現存）	北海道	25.3m	函館市
高野山水庫（改建爲其他型式的水庫）	新潟縣	—	東京電力
丸沼水庫（現存）	群馬縣	32.1m	東京電力
舊小諸發電所第一調整池（崩毀）	長野縣	—	—
眞立水庫（現存）	富山縣	21.8m	北陸電力
眞川水庫（現存）	富山縣	19.1m	北陸電力
恩原水庫（現存）	岡山縣	24.0m	中國電力
奧津發電所調整池（現存）	岡山縣	14.0m	中國電力
三瀧水庫（現存）	鳥取縣	23.8m	中國電力

第五章

公園池散步

公園池，玩心滿滿

實用性還是其次，
爲了好玩而興建的公園池，
可以從其借景和生態系的觀察等
和其他池泊不同的面向認識到
新東西。
以學習和遊玩爲目的
讓公園池特別容易親近。

公園池 三三

現代化的池泉回遊式庭園與現役農業用灌溉池

三景園的池與用倉新池

利用蓋廣島機場時的廢土，造出了「大海」和「里池」兩個人工池，再加上既有的灌溉池「用倉新池」，組合出的立體式庭園三景園。

廣島縣三原市

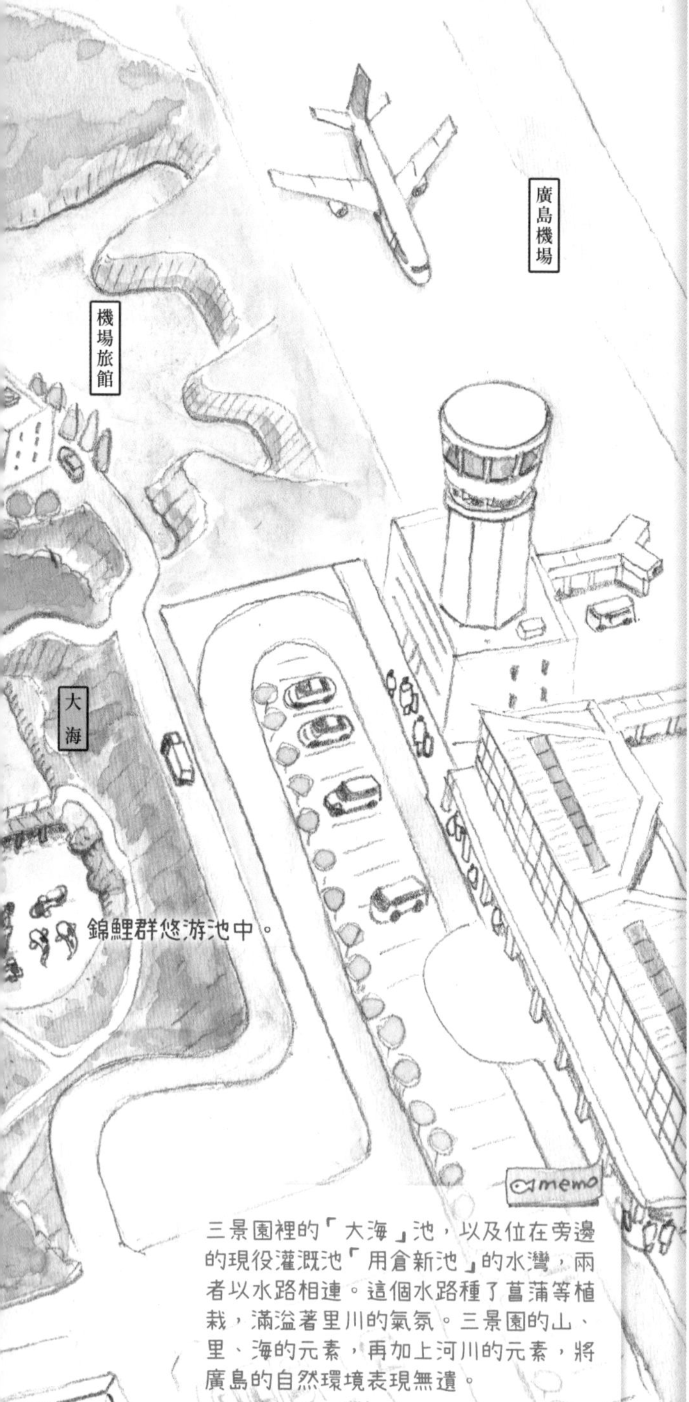

三景園裡的「大海」池，以及位在旁邊的現役灌溉池「用倉新池」的水灣，兩者以水路相連。這個水路種了菖蒲等植栽，滿溢著里川的氣氛。三景園的山、里、海的元素，再加上河川的元素，將廣島的自然環境表現無遺。

溢洪道設置在堰體
的相對直角處。堰
體前方的斜面是以
切石法鋪設。
堰體
有跨越柵欄和釣魚的警告牌，
牌子上「此處不是釣魚場」的
寫法很特別。
縣立森林公園
像是出現在電影
《麥迪遜之橋》裡
的那種有屋頂的
橋。
新池橋
用倉新池
三段瀑布和觀瀑台
三景園
水的流入口之一，運用
在三景園的菖蒲園。
菖蒲園
和「大海」池相通
的通水口。
枝垂櫻所在的高
台有「里池」。
3層瀑布流下的
水經過里池流入
「大海」池。
里池
P
收費停車場
和機場共用。

以廣島縣的里、山、海爲主題的公園池

如果是大型公園的話，或多或少會有一兩個水池吧。堪稱公園水池根源的「大名（日本封建時代對領主的稱謂）庭園」，在江戶時代是所謂池泉回遊式庭園的形式，大名之間爭奇鬥豔，爭相競賽如何在庭院裡納入山水，結果在各地出現了許多擁有美麗池水的庭園。

到了現代，公園用的造池，很多擔負了景觀功能或是讓孩童可以玩水的親水功能。其他也會納入造園前已有的灌溉池等等，或把借景的元素也放入公園池裡。

廣島機場旁的三景園，光看名字，可能會想像這裡從前或許有日本庭園，但其實這裡是爲了紀念機場開港，在1993（平成5）年開園的公園。於是再想，機場蓋好之前，這個地方是灌溉池集中的中山間地。大名庭園一般位於城下町的宅邸範圍內，或是作爲別邸，設營於城鎮附近，所以很容易推測，這邊並不是自古就有的大名庭園。

「三景」之名，是因爲取廣島縣的里、山、海的3個主題而來。營造、配置人工的山水池樹的池泉回遊式庭園，有效活用建造機場時的廢土和砂石，造出了現代的環保公園。

主要水池，「大海」池，正如它的名字，表現了海洋意象。在庭園裡，通常會把池子比喻爲海洋。一看池子裡，豔麗的錦鯉成群游泳。

登上俯瞰大海池的人造山中段，岸上種了一本櫻的里池正在等著我。這座里池，經過人工溪流流進大海池中。流入處的上流是險峻的岩塊，形成了3層瀑布，還親切地準備了觀瀑台。

下到山裡的雨潤澤了鄉里，再落入海裡，此處充分表現了自然水文的樣態，是不負「三景」之名的公園池啊。有時候，從樹木的彼方，隱隱約約地看得到飛機巨大尾翼的一景，這也饒有興味。

現代式公園三景園也納入既有的水池

橋上有屋頂，很有味道，下方的用倉新池，是現役的農用灌溉池。不僅是三景園，也成爲縣立中央森林公園的借景要素。

從樹枝狀的大小水域（和用倉新池相連，但因土砂和結構物被遮蔽的小小水池等處）所伸出來的水池、水流入口之一，作爲三景園的菖蒲田，又透過水流出口和大海池也連通。相連的部分也別有韻味。

池水的顏色是有點透明的青色。池色是左右人們對於水池的印象和好惡的重要因素，最近在觀光領域也有人研究這項主題

現代「公園池」的起源

此照片為大池泉（東京都台東區淺草）。淺草公園僅剩下名字作為地名存在，池子位於淺草寺境內。

江戶時代，諸侯大名競相在宅邸內營造有池水的庭園，也就是「池泉回遊式庭園」。池泉回遊式庭園，以池子為中心，設置了迴遊路線，模仿名勝景點，配置了小島、橋梁、岩石等。在城下町城鎮經常可見這種庭園，但一般而言不對外開放。

進入明治時代，在神戶、橫濱、北海道等外國人居留地開始建設公園，但開園當時，日本人無法使用。

日本的公園制度，開始於1873（明治6）年1月的太政官公告。基於這則公告，全日本誕生了超過20座公園。東京有芝公園、上野公園、淺草公園，大阪的話是住吉公園等。這些公園，應該可說是公園池的根源了。而有「日本最古老的公園」之稱的，是福島縣白河市的「南湖」。19世紀初，白河藩的名君，後來成為幕府重鎮的松平定信公所打造的南湖，是跨越身分階級之差，開放給所有人的休閒場所。現在依然是眾人的遊憩場所——南湖公園（124頁）。

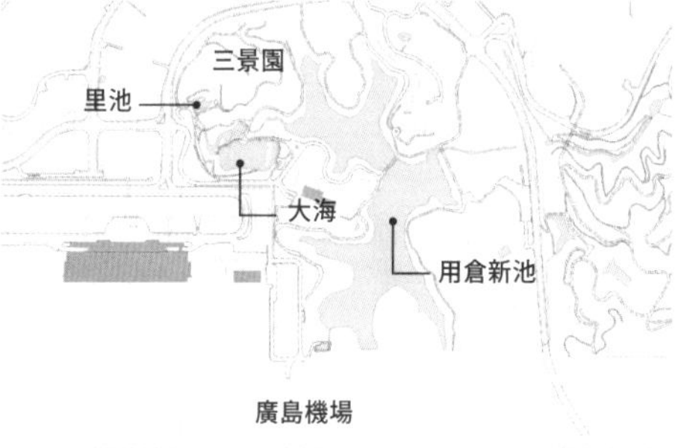

三景園的池泊與用倉新池

◆ **所在地**／岡山市北區下足守
◆ **電車**／從JR西日本山陽本線白市站約10km、從JR西日本山陽新幹線廣島站約50km。
◆ **開車**／從山陽自動車道河內IC約5.5km。
◆ **飛機**／從廣島機場約400m。

根據日本國土地理院標準地圖製作

（116頁）。

堰體是滿足了高水庫條件的高大土製水庫。從擁有4個連續軸的斜排水道，可以看出應該是有相當的深度。

既納入了既有的灌溉池作爲公園要素，又循環再利用了機場營造時的土砂，建造出三景園。串連了水景的公園空間，一邊保有和縣立森林公園、住宿設施群的連續性，連現役的灌溉池也容納於其中。

公園池

二三

蜻蜓池與木曾川水園

留住了木曾川舊貌的河跡湖

岐阜縣羽島郡笠松町・各務原市

可以觀察從過去到現在生態系的河跡湖——蜻蜓池，還能看到傳統的治水土木工程「聖牛」。在附近的木曾川水園，從高速公路停車場能直接坐上和舟，來一趟水池巡禮。

原本是木曾川主流道河川遺跡的河跡湖

木曾川的河川邊，有一個從地圖上看起來有點奇怪的池子。沿著堤防，幾乎排了一整列的水池：中池、真菰池、古池跟蜻蜓池。

從土堤上的道路很難看出來，不過如果下到河床邊，眼前是豐饒的光景，大鷺看著掀起陣陣水波的魚群，而對岸，釣客舉起

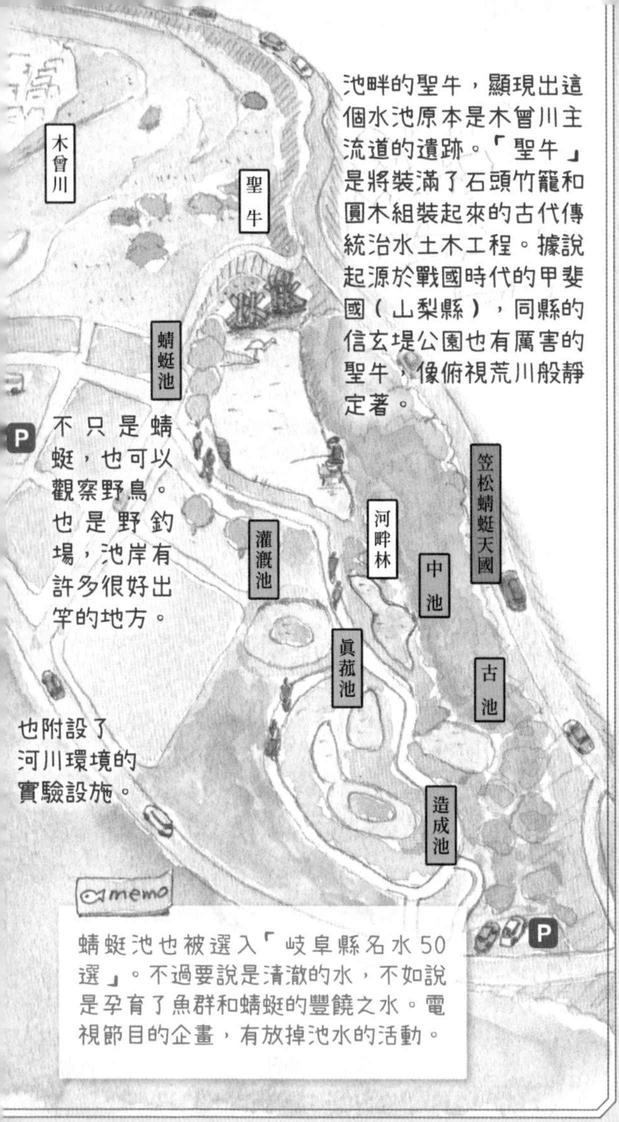
木曾川
聖牛
池畔的聖牛，顯現出這個水池原本是木曾川主流道的遺跡。「聖牛」是將裝滿了石頭竹籠和圓木組裝起來的古代傳統治水土木工程。據說起源於戰國時代的甲斐國（山梨縣），同縣的信玄堤公園也有厲害的聖牛，像俯視荒川般靜定著。
蜻蜓池
P
不只是蜻蜓，也可以觀察野鳥。也是野釣場，池岸有許多很好出竿的地方。
笠松蜻蜓天國
河畔林
灌溉池
中池
真菰池
古池
也附設了河川環境的實驗設施。
造成池
memo
P
蜻蜓池也被選入「岐阜縣名水50選」。不過要說是清澈的水，不如說是孕育了魚群和蜻蜓的豐饒之水。電視節目的企畫，有放掉池水的活動。

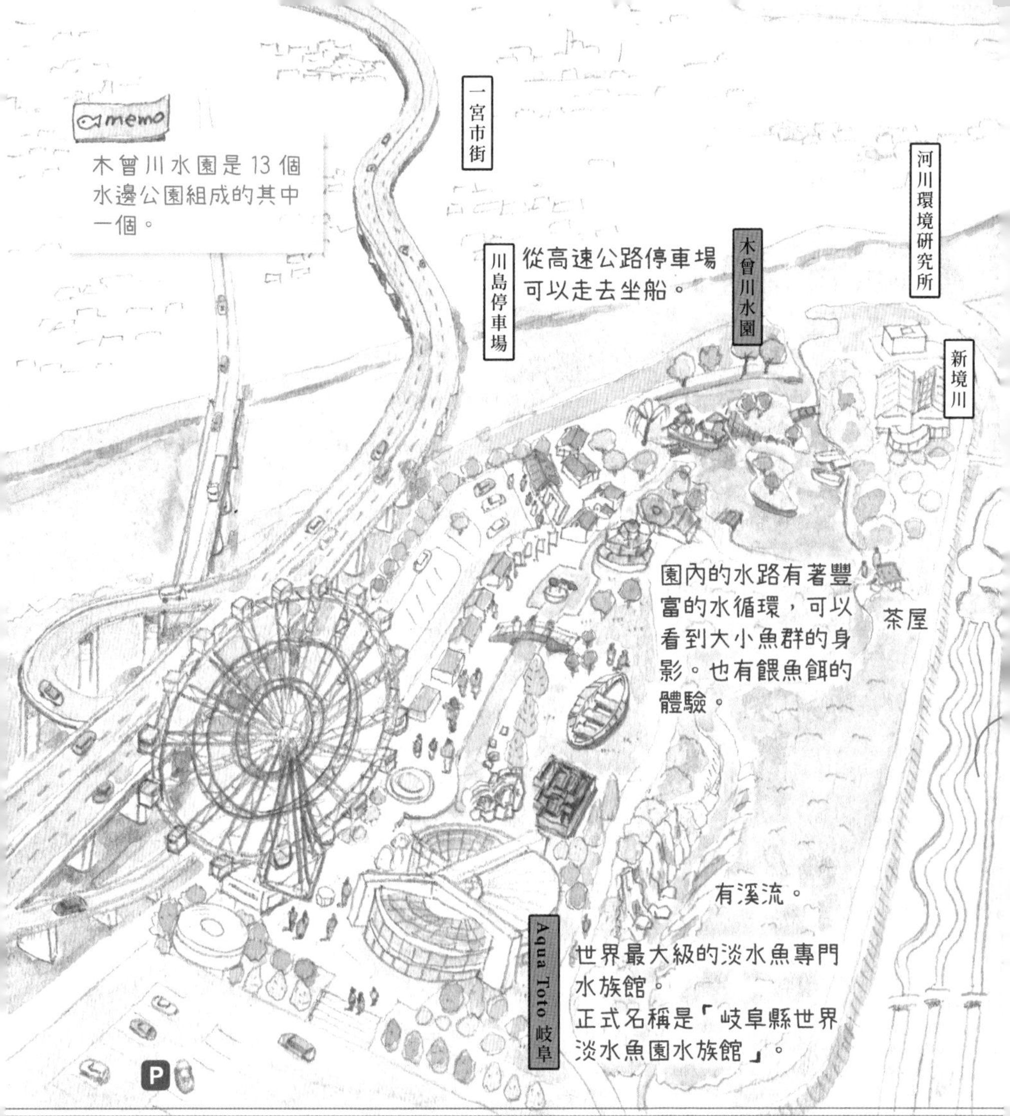
memo
木曾川水園是 13 個水邊公園組成的其中一個。
一宮市街
河川環境研究所
木曾川水園
從高速公路停車場可以走去坐船。
川島停車場
新境川
園內的水路有著豐富的水循環，可以看到大小魚群的身影。也有餵魚餌的體驗。
茶屋
有溪流。
Aqua Toto 岐阜
世界最大級的淡水魚專門水族館。
正式名稱是「岐阜縣世界淡水魚園水族館」。
P

了釣竿。電視節目曾經報導過這池子的放水（159頁）畫面，雖然有濁度，不過是動植物都能夠安棲的水色。

這些池子，是因爲洪水等造成木曾川改變流道而出現的「河川遺跡」，被叫做「河跡湖」（26頁）。河跡湖有像是蜻蜓池那樣自然出現的，也有因爲河川改建而出現的，在日本全國的都市和城鎮都看得到。像東京的水元公園般，作爲大型親水公園利用的案例也不少。蜻蜓池附近，也有一個「河跡湖公園」。

河跡湖的公園化，包含完整保存了昔日河川中貴重的植被和動植物的生存環境，具有未來生態保管庫的功能。蜻蜓池也有「笠松蜻蜓天國」的野生動物生態系的構成。

　而原本木曾川主流是容易氾濫的河川，蜻蜓池的一角，還能看到近代化以前的洪水對策、土木工程之一，也被選爲土木遺產的「聖牛」。

　和樸素的笠松蜻蜓天國相鄰，就是木曾川水園，自豪於其縣內首屈一指的來客量。從高速公路的停車場區就可以直接連通獨特的環境共生型主題公園，當然，從一般道路也可入園。

　有「河川環境樂園」之美稱，加上日本國土交通省的管理，能接觸、學習到陸與水的雙重魅力，感受到了此處不同凡響的氣場。

　池子在水流入口處，配置了人工大瀑布，眾多水鳥斂羽休息，一旁是船頭老大棹舟悠緩地載著觀光客前行。在停車場區卽能坐上木船，可說是獨一無二的體驗。

測定池水顏色的方法

　池水顏色的測定很難。也會反映氣候改變下的天空顏色（45頁），不論深淺顏色都會不同。隨著季節不同，溶進水裡的物質濃度也有變化。湖沼顏色的科學測定，意外的是用目視進行的，使用的是青系色和黃褐色的「水色計」。

水色計

　有22種顏色，青系色的水色計是1到11號，黃褐色水色計分成12至22號。

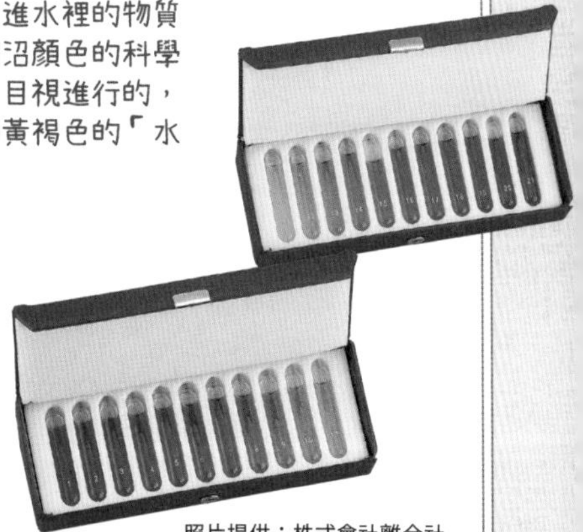

照片提供：株式會社離合社

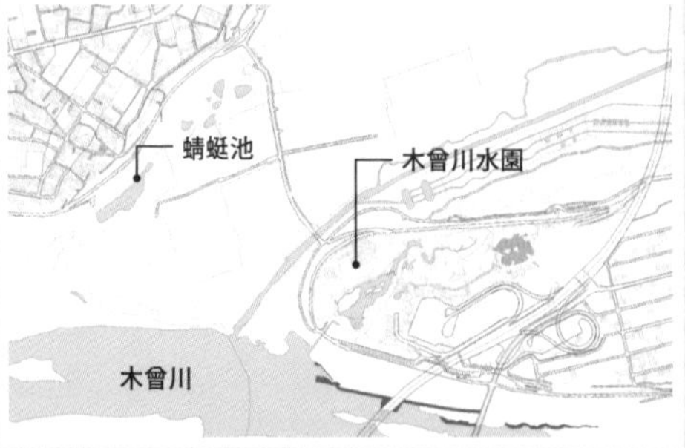

蜻蜓池與木曾川水園

- ◆ **所在地**／岐阜縣羽島郡笠松町無動寺・各務原市川島笠田町
- ◆ **電車**／從 JR 東海東海道線、高山本線的名鐵岐阜站出發約 11.5km，從名鐵各務原迫新那加站約 5.5km。
- ◆ **開車**／從北陸車道自動車道的岐阜各務原 IC 出發約 2.5km，從一宮木曾川 IC 約 5km。

根據日本國土地理院標準地圖製作

公園池 二四

YUI池與森之池

飄蕩著不可思議氛圍的異世界感的水池

沖繩縣沖繩市

原來是送別死者的島，在鄰接之處，蓋了公園。
過去曾有在水池中死了大量魚群的事故。
但是，現在池裡有鯉魚、
還有巨大的鰻魚和吳郭魚精神飽滿地游泳。

充滿不可思議的樂園感同時又有脫離塵囂的意趣

YUI池和森之池，是位於沖繩縣綜合運動公園的2個水池。我對YUI池這個少見的名字產生了興趣。「YUI」（ユイ）如果跟沖繩都市單軌列車的「yui rail」是同樣意思的話，那就是沖繩話「ユイマール」的省略，意思是結合、互相幫助的意思。

池子裡的「大鰻」
巧妙地操縱繩子
引誘大鰻魚的阿婆。
使用反射板
照著大鰻
魚的阿伯。
樺島的大鰻
魚井
（長崎縣）
2015.5.9
Chihiro

只是一個公園水池，竟然出現巨大鰻魚，真讓人驚嚇，其實，沖繩北部的河川等地，經常出現巨大鰻魚。不過，是和日本鰻不同種的「大鰻」。最大體長2公尺，最大體重50公斤，不適合食用。作為出現在公園裡的魚種，遠遠超越了鯉魚和草魚等，是最大的魚了吧。若是住在和海水相連的水池的話，大鰻還會進到驚人的狹窄空間裡。長崎縣的樺島，在聚落的共同水井裡，發現了巨大鰻魚，還成為了天然紀念物，之後每一代的鰻魚都會襲名為「鰻太郎」。2018（平成30）年三重縣答志島的神社裡的池子，捕獲了1.3公尺的大鰻，作為池子的主人，再度被放生回水池裡。福島縣的賢沼（187頁）也是棲息了巨大鰻魚、作為天然紀念物的池沼，但牠是日本鰻的種類。不管哪一個水池，都離海很近，這點是一樣的。

另一方面，沖繩方言裡，也有意指百合花的情況。是哪種呢？

公園池的樂趣之一，就在於水池的名字。如果是改造自灌溉池，有時會爲池子取一個新的暱稱；爲庭園而設計的水池，通常也在池名裡寄託了設計者的心情。和野外的池子不同，解說牌通常會說明池子的名字和來歷，也有不少地方會說明棲息在池子周邊的野鳥、魚類或是植物。

YUI池離水面近，護岸也沒設欄柵。不管走在哪裡，都能感受到池水的氣味和魚的動靜。在水流入處設計了孩童親水區域，可以看到手持魚網的孩子們沉迷其中的樣子。

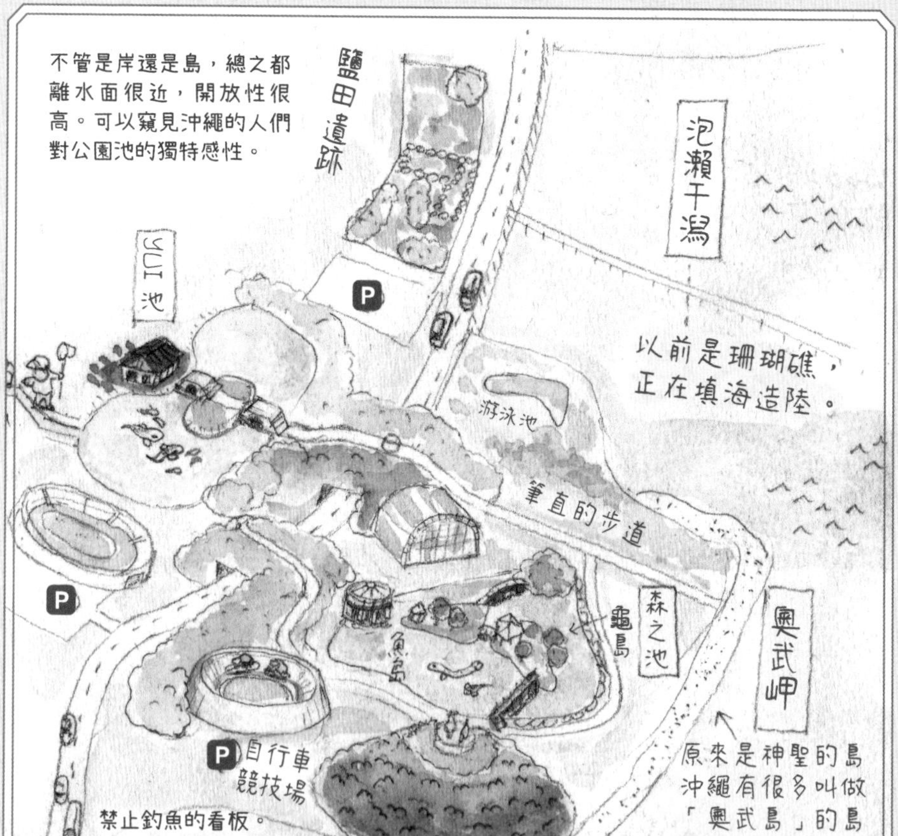

不管是岸還是島，總之都離水面很近，開放性很高。可以窺見沖繩的人們對公園池的獨特感性。
鹽田遺跡
泡瀨干潟
YUI池
以前是珊瑚礁，正在填海造陸。
游泳池
筆直的步道
森之池
龜島
魚島
奧武岬
原來是神聖的島
沖繩有很多叫做「奧武島」的島嶼。
自行車競技場
禁止釣魚的看板。
水流入的區域設計成可以玩水的親水區。
CIAOILO 2018.4.14
沖繩綜合公園的水池

另一方面，森之池位於突出在泡瀨干潟（「干潟」爲海水退潮後的淺水海灘）中的半島上，靠南岸側緊接著有茂盛森林的丘陵，丘陵的對岸是遠淺之海，朝向那邊的水路是從池子出來的。聽說這座半島從前曾叫做「奧武」，沖繩有很多同名稱的小島，這個名字據說是用舟楫送走死者的島嶼。

森之池用橋梁連結了魚之島和龜之島2座樂園式的島嶼，也有展望樓，不知爲何總有點遠離塵囂的清爽感。這麼說來，從YUI池走到海邊，伸展的筆直步道也讓人覺得不可思議。那時候我不太明白，不過2個池子，大概隱含了彼此的感覺吧。

在森之池裡，有很多吳郭魚爲了吃餌會靠過來，帶著黑色長長的影子，像波浪般現身。體長將近1公尺吧，驚訝地追過去，不知何時變成了兩尾，互相追逐般地游著。我在全日本的公園中看過各種生物，不過大鰻倒是第一次。

封閉環境的水質維持是公園池的重要課題

2017年8月沖繩綜合運動公園的池子裡，死了上千隻的鯉魚和吳郭魚，新聞傳遍日本全國。不止這裡，較封閉的公園池裡，在缺氧和感染力強大的病菌下，會發生大量的死亡意外。應該有人曾經在公園池旁看到寫著鯉皰疹病毒的解說牌吧。這株病毒只有鯉魚會感染，致死率是百分之百，目前疫苗還在開發階段。

沖繩綜合公園的情況，已經知道是夏季高溫和缺氧，引起了大量死亡。公園池的魚，因爲禁釣被保護，很習慣人類餵食，相對於池子的容量，棲息的魚的密度容易過高。繁殖力強的吳郭魚等外來種驅逐其他種，也成爲了問題。

原產於尼羅河，在戰後糧食困難之際被引入的吳郭魚，沖繩不只是這座公園，一般河川和水庫魚也有吳郭魚繁殖的蹤跡。

YUI池與森之池

◆ 所在地／沖繩縣沖繩市

◆ 開車／從沖繩自動車道的北中城IC出發約5km。

◆ 飛機／離那霸機場約23km。

根據日本國土地理院標準地圖製作

以農業王國丹麥爲概念的公園水池

丹公園之池

愛知縣安城市

圍繞小山的池塘，水面上浮著荷葉，使人聯想起印象派繪畫的水邊風景在眼前開展。不過，因爲有外來種擴散的問題，很難像建築物般完美再現異國風景。

盡情享受以丹麥爲主題的水池

用海外國家當作主題概念的主題公園，在日本各地都有。多半是再現各國主題的建築和植被，而多數來訪者的重點是當地美食或知名特產，水池附近沒有人潮，可以慢慢體會充滿各國特色、搖曳異國情趣的水岸風景。

愛知縣安城市的丹公園，是結合了丹麥、田

周邊設施也是
丹麥風？
做到這麼徹底
也太厲害了。
花木園的池子
地方啤酒工房
餐廳
周邊的產業設
施也很微妙地
改成丹麥風。
大溫室
園區公車
童話號
水池
丹公園的池群
（愛知縣安城市）
2018.6
也附設道之驛。

園、傳統風格，具有野心的農業公園。說到爲什麼是丹麥，滋養了周邊廣袤而豐美的農地的「明治用水」，正是其中線索——明治時代，作爲日本最早的近代灌溉設備，明治用水的建設，讓安城市成爲農業王國。當時，所學習的對象正是世界農業先進國丹麥，因此安城也被稱呼爲「日本丹麥」。

穿過公園正面大門，「水之舞台」迎接著來園的遊客。舞台兩側的池水，呈現出圍著小島的甜甜圈形狀。沿岸信步走去，水岸旁搖曳的水生植物、池面上浮現的睡蓮、岸上的風信子，都讓人感受到異國情趣，不禁遙想尚未見過的丹麥的水池會是什麼樣子。

另一方面，也擔心外來植物的種子流出公園。雖說很細心注意了，但是要完全再現異國池泊，還是有困難的現實需要考量。

池子的水道是像有高低差的
賽車場狀。
據說是用幫浦讓水進行循環。
半場川陽光櫻
350 棵
櫻花樹
水生植物之池
滾筒狀溜滑梯
德國運來的公園遊具
嘩嘩啦啦池
淡墨櫻之池
丹麥風車
瑪格利特溫室

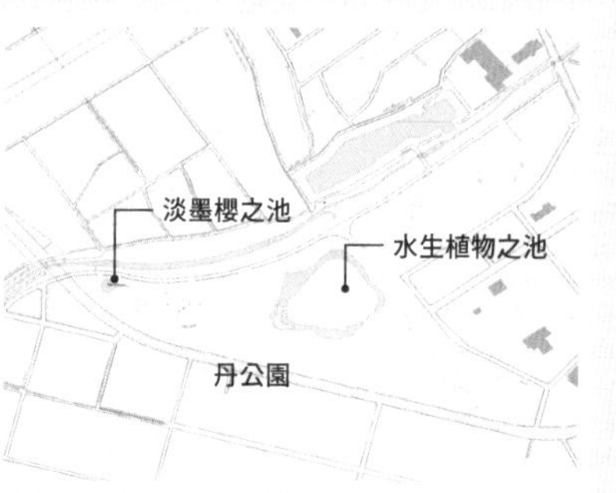
淡墨櫻之池
水生植物之池
丹公園
根據日本國土地理院標準地圖製作

丹公園之池

- 所在地／愛知縣安城市赤松町梶
- 電車／從 JR 東海東海道線安城站出發約 5km，從 JR 東海東海道線、東海道新幹線的三河安城站約 6km，從名鐵西尾線櫻井站約 3.5km，從名鐵西尾線南櫻井站約 4km。
- 開車／從知立外環道的和泉 IC 出發約 2.5km，從安城西尾 IC 約 3km。

公園池

二六

連結數個公園池，湖周長12公里的巨大水池

東鄉池

鳥取縣東伯郡湯梨濱町

有溫泉湧出，也混入了海水的巨大東鄉池。湖岸邊，建了幾個有水池的公園，呈現出宛如水邊公園模範市集的樣貌。

湖畔的溫泉街——從東鄉池底牽引溫泉的泉水

東鄉池，名字雖然加上了「池」，實體是天然潟湖（26頁），也是混了海水的「汽水湖」（淡水與海水相混合的湖泊）。對比它12公里的湖周長度，平均水深2公尺，相當的淺，湖底有溫泉水湧出，這點也極富個性。因爲它不是「池」，也有人稱之爲「東鄉湖」。

以雄偉的大山爲背景，從可以一覽池面的出雲山展望台上瞭望，像湖上樓閣般的羽合溫泉，很吸引人。南岸並排著帶有昭和懷舊感的東鄉溫泉，和正港的中國庭園「燕趙園」。這個庭院裡有中國風水池的天湖，把東鄉池當作背景，可以感受到不可思議的對比。

而東岸的鳶尾池公園中，也有公園池，在獨木舟中心也可享受在水上充氣泡泡球裡的湖上散步。鳶尾池公園和另外兩個在北岸、西岸的公園，三者整體構成了「東鄉湖羽合臨海公園」。東鄉湖和這些衛星般的公園池泊，像是水岸公園的範本之作。

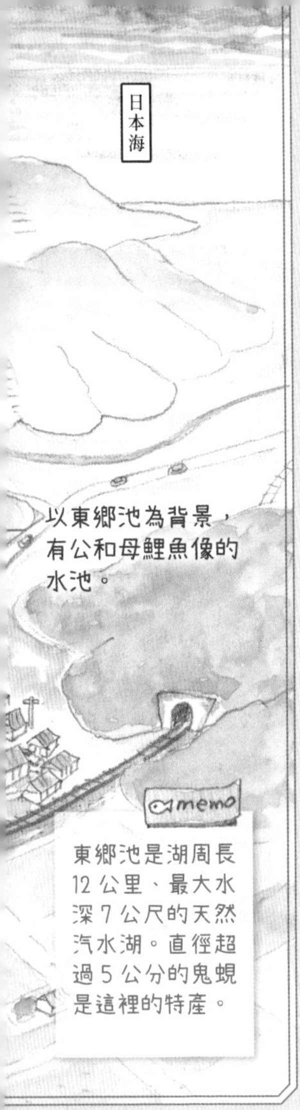

以東鄉池為背景，有公和母鯉魚像的水池。

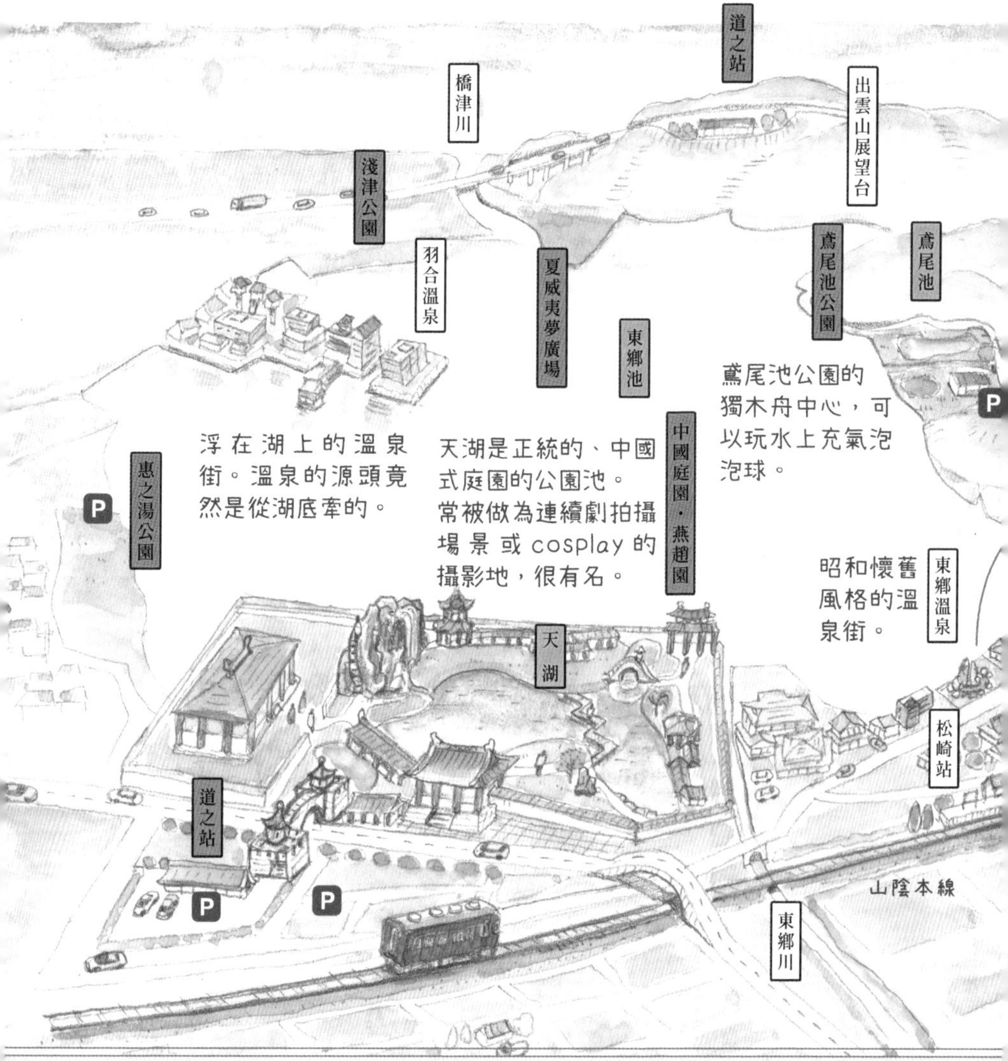
道之站
橋津川
出雲山展望台
淺津公園
羽合溫泉
夏威夷夢廣場
鳶尾池公園
鳶尾池
東鄉池
鳶尾池公園的獨木舟中心，可以玩水上充氣泡泡球。
浮在湖上的溫泉街。溫泉的源頭竟然是從湖底牽的。
天湖是正統的、中國式庭園的公園池。常被做為連續劇拍攝場景或cosplay的攝影地，很有名。
中國庭園・燕趙園
惠之湯公園
P
昭和懷舊風格的溫泉街。
東鄉溫泉
天湖
松崎站
道之站
P
P
山陰本線
東鄉川

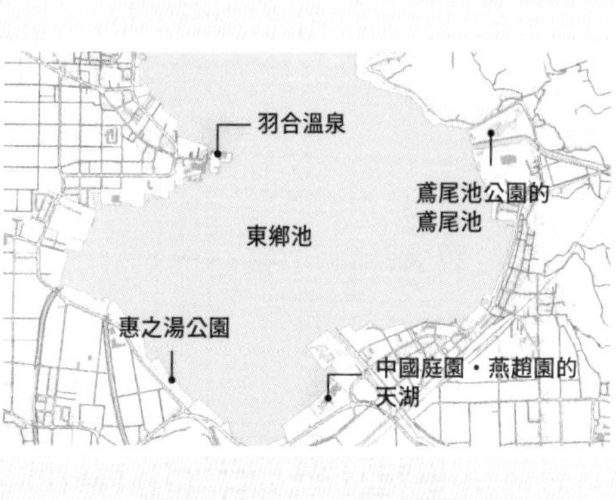
羽合溫泉
鳶尾池公園的鳶尾池
東鄉池
惠之湯公園
中國庭園・燕趙園的天湖

東鄉池

◆ 所在地／鳥取縣東伯郡湯梨濱町

※ 以下是前往「天湖」的路徑

◆ 電車／從 JR 西日本山陰本線的安城站出發約 1km。

◆ 開車／從北條湯原道路的北榮 IC 出發約 9.5km，從北榮南 IC 約 11km，從山陰自動車道的泊・東鄉 IC 約 12.5km。

根據日本國土地理院標準地圖製作

逛逛

公園池

新成立的公園水池
原點是來自江戶時代的大名庭園。
位在人們的遊憩場所裡，
規模雖小，但多爲無波瀾起伏的安穩水池，
並備有設計完善的親水設施，
達成了提供人群聚集、休憩的場所功能。

天然改造池（沼澤）

南湖

福島縣白河市南湖

南湖所在的南湖公園，於江戶時代因寬政改革聞名的白河藩主松平定信，認爲應該有「無身分之隔，衆人皆可遊憩之地」，設置了此公園。在法令形式下，開設近代形式的「公園」，已經是明治時代之事，所以這裡是領先了「公園」概念的公共水池，可以說是改造的湖池中，日本最早的公園池。岸上有沼澤遺跡，在接近水面的草地河堤邊也可以釣魚。被選爲「日本的都市公園100選」。

根據國土地理院標準地圖製作

人工池（公園池）

恐龍公園池

岡山縣笠岡市橫島

爲了公園而造的池子很多，不過有腕龍歪著頭的池子就很少見了。池岸堆疊著大石，烘托出恐龍的存在。陸地上也是滿滿的恐龍，什麼都沒有的草叢中，也放了恐龍蛋，森林的空隙裡還看得到伸出頭的大型恐龍，甚至還有專業監修，這是眞正的恐龍公園。公園的外面是國家指定天然紀念物、三棘鱟的棲息地神島水道。三棘鱟博物館就在公園旁邊。

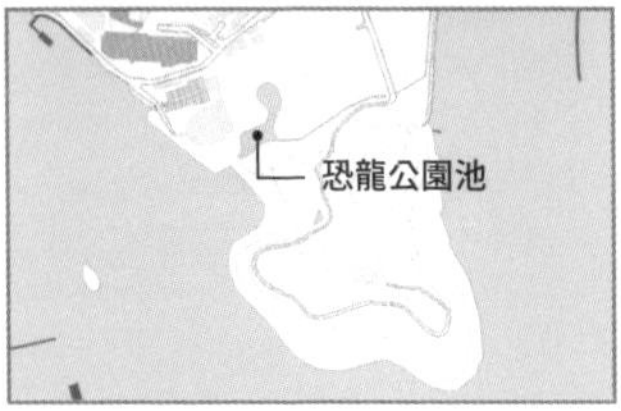

根據國土地理院標準地圖製作

連翹沼

不明

北海道岩見澤市北村赤川

岩見澤市的北村中央公園分成「白鯽廣場」、「親愛廣場」、「森森健康」3區。連翹沼位於「白鯽廣場」中。以前是「白鯽公園」，現在也還是釣魚天堂。公園周圍集結了商店、市公所、學校、溫泉、飯店等鎮上的行政觀光設施，對愛釣日本白鯽的人來說，簡直是桃花源。園內另外還有三角沼、四角沼、丸沼。

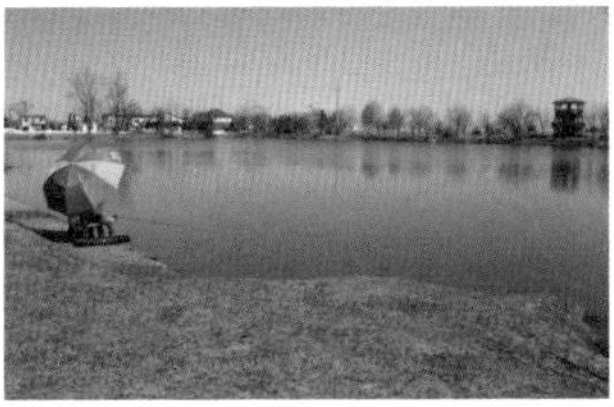

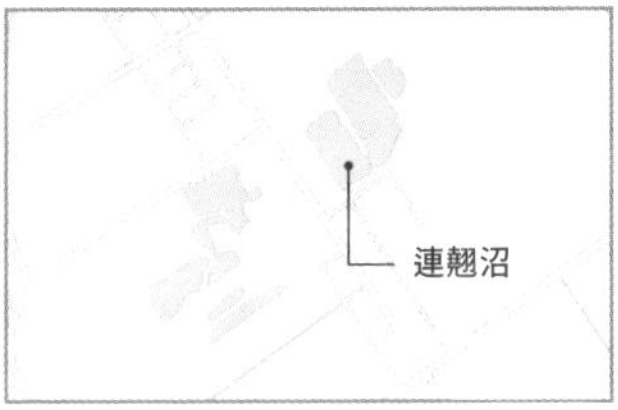

根據國土地理院標準地圖製作

宮澤湖

人江池（灌溉池）

崎玉縣飯能市宮澤

除了芬蘭以外是世界第一個嚕嚕米的官方主題樂園「姆米谷公園 moomin valley park」和購物中心「梅哲村 metsa village」，開業後宮澤湖一下子就變成有名的公園池了。池邊擺了北歐概念的各種設施。說「湖」是休閒感滿滿的暱稱，正式名稱是「宮澤溜池」，原是人工的農業用灌溉池。有一陣子是受管理的日本白鯽釣魚場，經過了各種時代變遷。

根據國土地理院標準地圖製作

小合溜

天然池（河跡湖）

東京都葛飾區水元公園

以江戶川的河跡湖（26頁）小合溜為中心，複數的池泊在都市公園內聚合，水元公園形成了東京都內唯一的水邊空間。也是都內唯一有「水鄉」景觀的公園。也有釣日本白鯽的釣師集中的區域，被稱為「釣魚仙境」。戰後將鯉魚做為蛋白質的來源，曾經有一個時代在這裡進行了鯉魚和鮒魚的增殖水產實驗，作為歷史遺產的價值也頗高。公園被選為「日本都市公園100選」。

根據國土地理院標準地圖製作

華藏寺沼

人工池（灌溉池）

群馬縣伊勢崎市華藏寺町

位在伊勢崎市的「華藏寺公園遊園地」裡。雖說是「遊園地」，不過因爲是市營公園，入場免費。華藏寺沼原本可能是灌溉池，不過豪爽地把池子的水上空間改造得這麼繽紛多彩的案例也很少。水上雲霄飛車的軌道穿行其中，還有水上步道和急流滑水道。悄悄地看向公園道連通的東岸側，也設有步道，池畔有水生植物園和菖蒲花的群集。

根據國土地理院標準地圖製作

菰之池

人工池（灌溉池）

大阪府豐中市若竹町

人氣極高的服部綠地，是關西地區首屈一指的都市公園。夏天可以在游泳池玩，還可以BBQ，不管是攜家帶眷或跟公司同事都能熱鬧玩樂。綠地內外有菰之池、山之池、宇津和池、新宮池等等，形成套疊池的構造，是很有個性的8個水池。菰之池被森林包圍，讓人幾乎忘了身處於都市公園之中。自然氛圍的岸邊也很舒服，釣日本白鯽的釣客和拍野鳥的攝影師，在岸邊布好了陣仗。被選爲「日本都市公園100選」。

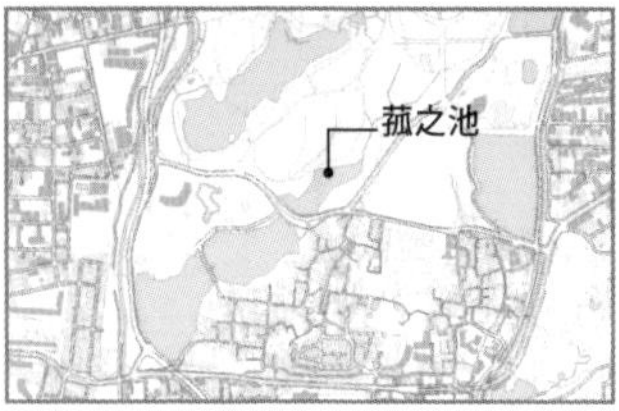

根據國土地理院標準地圖製作

藥勝寺池

人工池（灌溉池）

富山縣射水市中太閤山

這座水池的起源可以回溯到古老的室町時代末期，一開始建造是爲了灌溉用的蓄水池，江戶時代以後，蓄水池功能漸趨薄弱。進入昭和時代，爲了環境保育，整頓成有4個東京巨蛋大的藥勝池寺公園，成爲市民的休憩場所。也被選爲「富山的名水百選」。作爲日本白鯽的釣魚場，在縣內外都很有名。池子的堰堤是階梯形護岸，很適合釣魚。每年5月，也會舉辦鯽魚釣魚大賽。

根據國土地理院標準地圖製作

不忍池

天然池（海跡湖）

東京都台東區上野公園

位於上野恩賜公園內，多數人都很熟悉的池子。以土堤分割成3個區域，由划船池、鵜之池和蓮池3個池子組成。划船池已經有80年以上的歷史。鵜之池被劃進了上野動物園，棲息著紅鶴和鵜鶘。原是東京灣的海灣，海岸線後退以後，形成了天然湖。明治時代是競馬場，戰後也曾經變身為水田。上野公園被選定為「日本都市公園100選」。

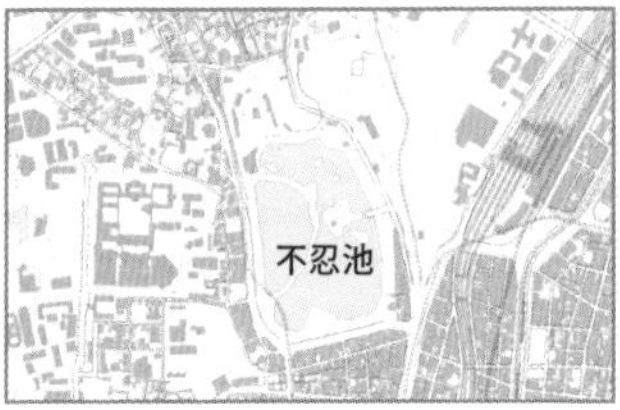

根據國土地理院標準地圖製作

明見湖

天然池（堰塞湖）

山梨縣富士吉田市小明見

位於明見湖公園內，又被稱為「蓮池」。起源可以上溯到繩文時代，應該是富士山的熔岩所形成的堰塞湖。從古以來，就被列入富士信仰之富士山道的「垢離場」（以水淨身除穢之處）——富士八湖（富士五湖、四尾連湖、明見湖、駿河的浮島沼）之一。夏天蓮花覆滿水面，是因為從前曾是神聖的場所嗎？飄蕩著獨特的氣氛。岸邊的一角設有「群落生態區」，還有瀕危物種斑北鰍。

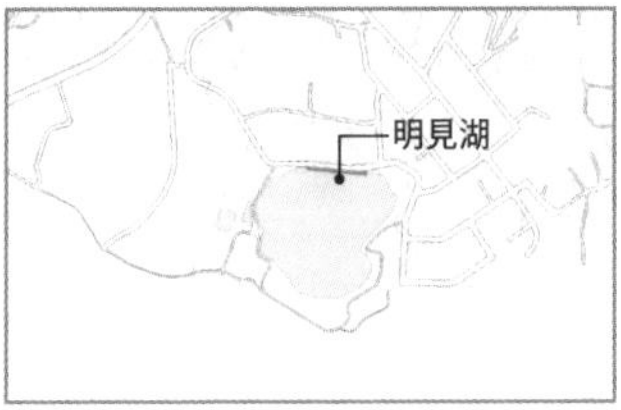

根據國土地理院標準地圖製作

髮長媛池

人工池（湧水池）

宮崎縣都城市早水町

飲之則可成美人，擁有這種神奇力量的湧泉水，髮長媛池等6個水池，為早水公園帶來滋養，雖然位於市街，不過還可以享受萬葉浪漫的池水散步道。目前已成為運動、文化據點的都市公園，本來是古老的植物園，6個池的配置和命名也別有趣味。髮長媛是出生於當地的絕世美女，還當上了日本最大古墳主角仁德天皇的皇后。湧泉因作為公主臨盆時的用水，成為了美人之水。可惜現在因為衛生緣故，不能再飲用。

根據國土地理院標準地圖製作

所謂池子的「親水機能」是？

水池，做爲休憩空間，從古以來深深吸引著人們前往。當然會先想到散步、划船和釣魚等休閒活動，還有一些池子，在周邊設施煞費苦心，讓小孩也可安心遊玩。人們通常稱有這種功能的水池叫「親水功能」，對人群聚集的公園來說，是重要的功能元素。江戶時代全盛的大名庭園，配置了以池子爲主角的池泉回遊式庭園，確立了造園樣式，競逐景觀之美，把櫻花或紅葉等植栽和漂亮的岩石與人造山等，配置在能襯托池水之美的地區。橋梁和迴遊路線等等，池子和水道周邊的動線也令人注目。不過，不論任何水池，都有溺水風險，要如何確保來訪者的安全，也是親水設計的重點。

[附親水功能水池的主要設備]

木棧道 確保安全的動線

鋪設木板的步道，在河岸或溼地等地可以確保行走的安全性。照片是石川縣鹿島郡中能登町的川田大池。

渡月橋、太鼓橋 確保景觀和動線的安排

淡雅的韻味和岸石、草地、池庭的圓石等，襯托了日本庭園的池子。照片是栃木縣宇都宮市的睦池。

水上涼亭 動線上的休憩設備

設計在水上甲板上的簡易涼亭。散步道上，也可以避免陽光照射和防雨。照片是靜岡縣伊豆之國市的大堤池。

階梯形護岸 水面利用、管理

護岸做成階梯狀的話，釣魚時很好走，也很好坐。照片是愛媛縣西條市的兼久大池。

人工溪流 爲玩水興建的設備

池子的入水處，做成了玩水的地方。底很淺，小孩也能安心遊玩。照片是千葉縣千葉市的花鳥公園的池子。

船索 水面利用、管理

也有用牽引機把引擎機船收進去的正式設備，大多數都是和管理者共用。圖爲富山縣南礪市的桂湖。

第六章

城池散步

越認識城濠（護城河），就會更明白城郭的魅力

城池，本來的目的是嚇阻外人，
不讓人接近。
但現在的城池
有吸引人的力量，
讓人想起城池昔日威風堂堂的
身影，
或是在城內生活的人們的樣子。

城池 二七

忍池

登上歷史舞台的巨大池沼遺跡

埼玉縣行田市

作爲小說、電影《傀儡之城》舞台的忍城，以沼地做爲天然濠溝的城池，池沼在今天的市鎮裡，還留下些許痕跡，讓人懷念往昔。

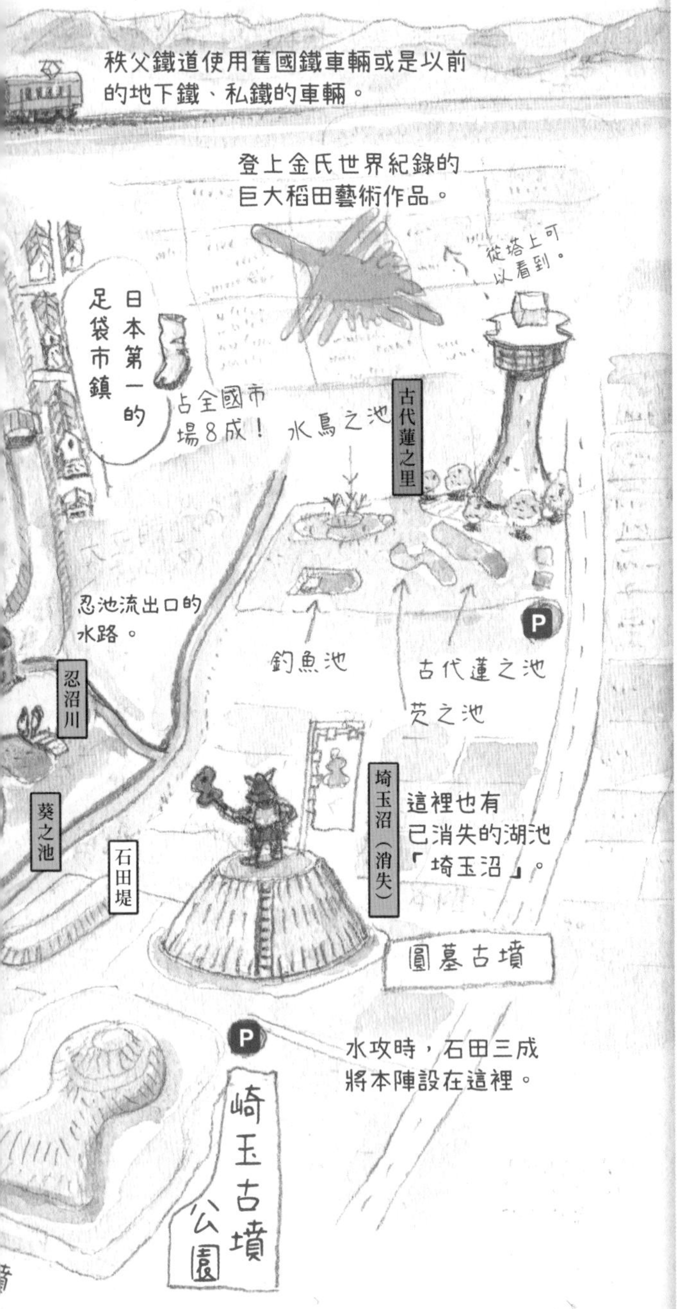
秩父鐵道使用舊國鐵車輛或是以前的地下鐵、私鐵的車輛。
登上金氏世界紀錄的巨大稻田藝術作品。
從塔上可以看到。
日本第一的足袋市鎮
占全國市場8成！
水鳥之池
古代蓮之里
忍池流出口的水路。
釣魚池
古代蓮之池
芡之池
忍沼川
葵之池
石田堤
埼玉沼（消失）
這裡也有已消失的湖池「埼玉沼」。
圓墓古墳
水攻時，石田三成將本陣設在這裡。
崎玉古墳公園

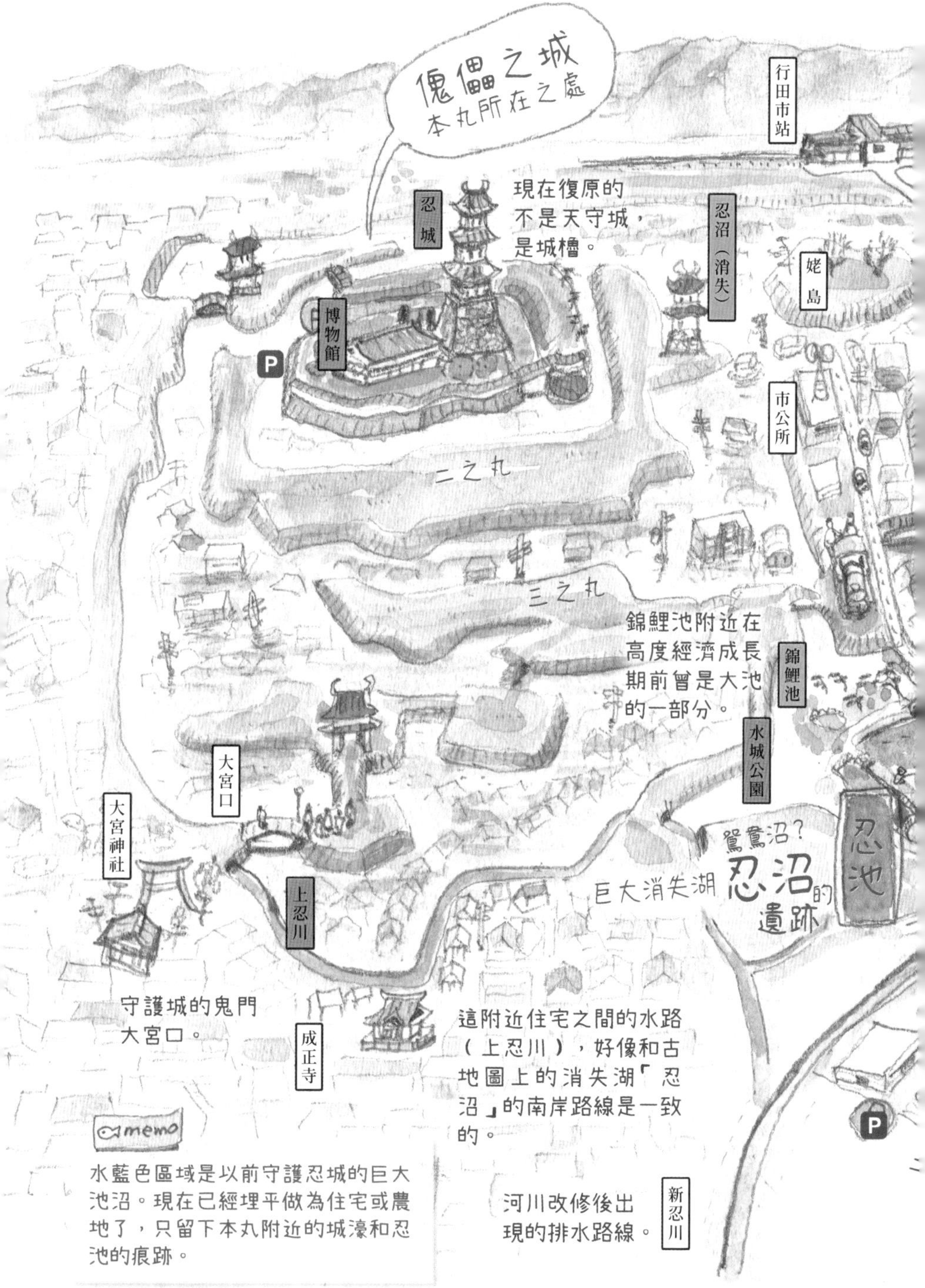
傀儡之城
本丸所在之處
行田市站
現在復原的
不是天守城，
是城櫓。
忍城
忍沼（消失）
姥島
博物館
市公所
二之丸
三之丸
錦鯉池附近在
高度經濟成長
期前曾是大池
的一部分。
錦鯉池
水城公園
大宮口
大宮神社
鴛鴦沼？
巨大消失湖忍沼的遺跡
忍池
上忍川
守護城的鬼門
大宮口。
成正寺
這附近住宅之間的水路
（上忍川），好像和古
地圖上的消失湖「忍
沼」的南岸路線是一致
的。
memo
水藍色區域是以前守護忍城的巨大
池沼。現在已經埋平做為住宅或農
地了，只留下本丸附近的城濠和忍
池的痕跡。
河川改修後出
現的排水路線。
新忍川

被寫進小說、拍成電影
壯闊的水攻戰場舞台

野村萬齋主演的電影《傀儡之城》的舞台，忍城。城櫓附近的城濠和稍遠處的「忍池」，以中國江南水鄉式的造園手法加以公園化，結果出現了水城公園。

如公園一名所示，包含市中心區域、忍池周邊的廣大平地，從前是巨大沼澤的「忍沼」，轟動天下的日本三大水攻攻防戰，就在沼城展開。

受豐臣秀吉之命遠征而來的石田三成，在能遠望城池的圓形古墳上布設本陣，用以水制水的戰法——爲了對付防禦型城池的忍沼，石田再來上2次大範圍的水攻，斷絕補給路線，以達到孤立的目的。使用了和主君秀吉在備中高松城的水攻裡同樣的戰法。

在忍池尋找消失的沼澤痕跡

曾經登上歷史舞台的忍沼，到了昭和初期，池沼的大部分已經被塡平，現在完全變成房宅林立的市鎮。消失的池沼只留下些微痕跡，從前的池沼南端，水邊的一部分轉爲忍池公園；被滿滿布袋蓮塞滿的「葵之池」，和忍池公園夾道並排。

再探索流入忍池的入口處，行經人工溪流，會看到日本庭園內的錦鯉池，前方沒有明確的水源。是用幫浦來推動水的循環呢？還是地下水？西側還有一個水流的入口，但是沒有水流進來，可以看到抽取地下水的幫浦。順著水路前行，跟流經住宅地中間的水泥溝的上忍川合流了。這條小小的河川，很接近古地圖裡忍沼西南側沿岸的線條，也許是失落的湖泊的痕跡之一。流出河川又如何呢？從忍池出來的水穿過道路，行經葵之池，到新忍川是1公里的直線水路。這條水路是唯一保留下了「忍沼」之名的忍沼川，不過完全被水泥給包覆了。

回到忍池，是因爲被溫暖的陽光吸引了嗎？釣客們排著釣竿，對象是日本白鯽和鯉魚。

沒有柵欄的步道離水面也近，是很容易親近的池子。旁邊偶然混入古代蓮，這一角，認眞培育了自然發芽的蓮花。也看到了懷念的釣黑腹鱊的樣子。

在池子周邊散步了一圈，一邊想像這應是從前的沼底，再往北進，是再建了城郭構造的御三階櫓和忍城本丸遺跡的鄉土博物館。

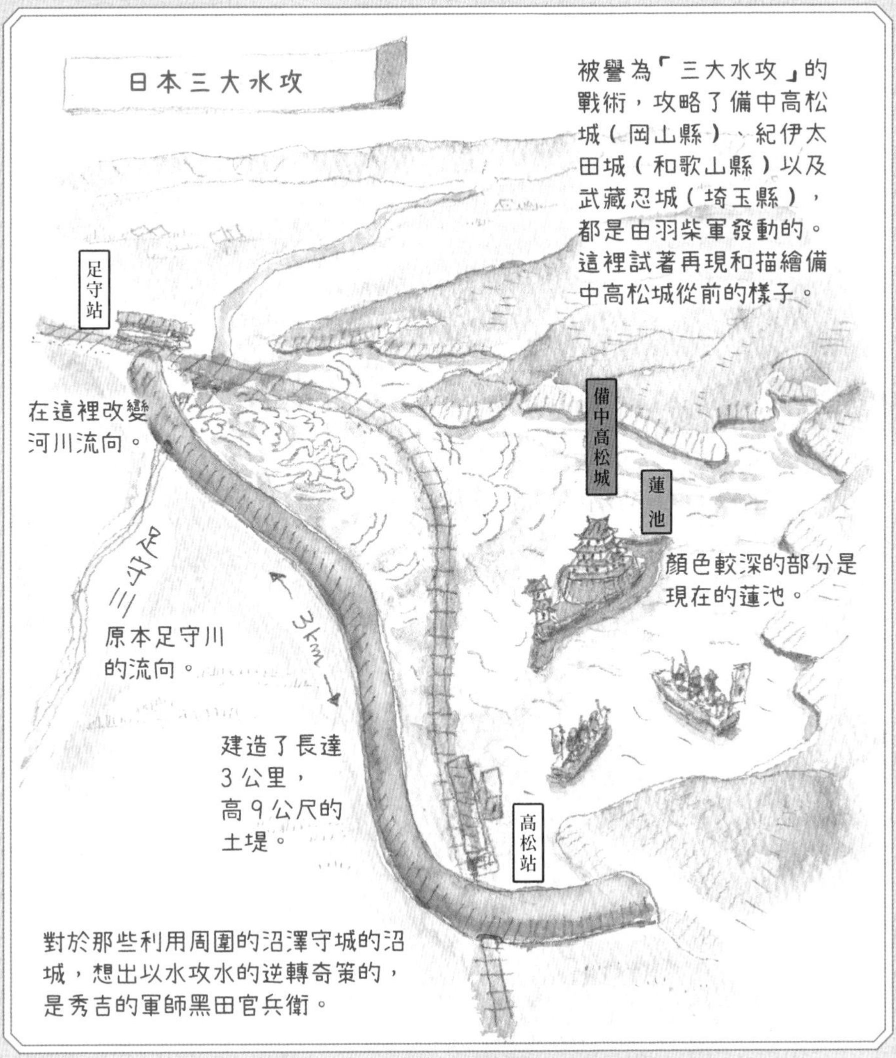
日本三大水攻
被譽為「三大水攻」的戰術，攻略了備中高松城（岡山縣）、紀伊太田城（和歌山縣）以及武藏忍城（埼玉縣），都是由羽柴軍發動的。這裡試著再現和描繪備中高松城從前的樣子。
足守站
在這裡改變河川流向。
足守川
原本足守川的流向。
3km
建造了長達3公里，高9公尺的土堤。
備中高松城
蓮池
顏色較深的部分是現在的蓮池。
高松站
對於那些利用周圍的沼澤守城的沼城，想出以水攻水的逆轉奇策的，是秀吉的軍師黑田官兵衛。

忍城
忍池
圓墓山古墳
水城公園
二子山古墳

忍池

- ◆ 所在地／埼玉縣行田市水城公園
- ◆ 電車／從秩父鐵道秩父本線行田市站到水城公園約 1.5km。
- ◆ 開車／從東北自動車道羽生 IC 到水城公園約 16.5km。

根據日本國土地理院標準地圖製作

鶴之城的城濠

讓敵軍喪膽的視覺系城池

福島縣會津若松市

江戶時代，耗費了長達兩百年的時間，進行大工程將豬苗代湖的水引進會津若松。挖掘通往湖水引水隧道的飯盛山，也是白虎隊的悲劇舞台。

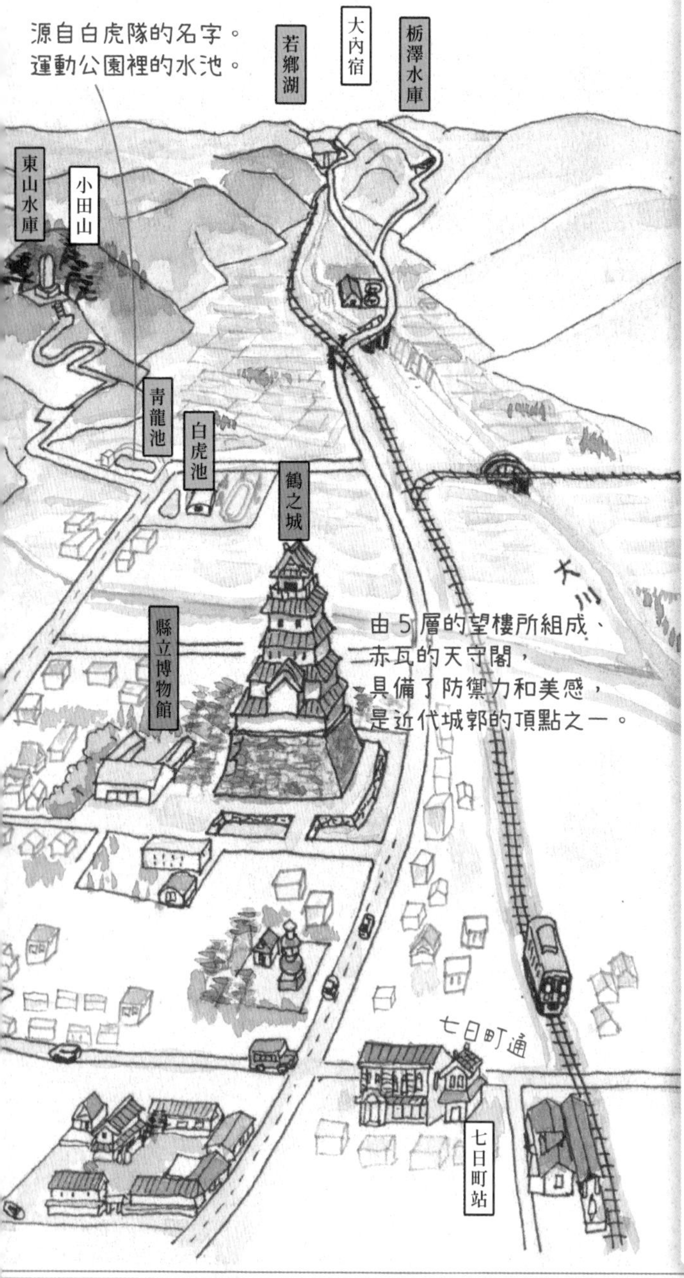
源自白虎隊的名字。
運動公園裡的水池。
若鄉湖
大內宿
栃澤水庫
東山水庫
小田山
青龍池
白虎池
鶴之城
大川
縣立博物館
由5層的望樓所組成、
赤瓦的天守閣，
具備了防禦力和美感，
是近代城郭的頂點之一。
七日町通
七日町站

槃梯山
雄國沼
十六橋水門
為了將天然湖豬苗代湖作為蓄水池利用，明治時代建造的水門。也是豬苗代湖的水庫。
豬苗代湖
東山溫泉
白虎隊從這裡看著鶴之城，決心自刃。
戶之口水渠，為了將豬苗代湖的水引入會津，從江戶時代初期到江戶末期階段性地施工。
戶之口水渠
鍋沼
白虎隊墓地
螺旋堂
現在也引了水渠的水。
御藥園
戶之口堰洞穴
戶之口堰洞穴，
是到會津若松最後的關卡。挖穿了飯盛山，長達150公尺的用水隧道，用了3年才貫穿。現在位於戶之口堰水神社內。

從豬苗代湖引水
豬盛山中挖隧道

伊達、蒲生、上杉、保科、松平……列舉住在鶴之城中的歷代城主之名，就會知道會津若松這塊土地，作爲東北的要地，多麼受到當時爲政者的重視。

會津戰爭時，據守小田山、俯瞰城內的新政府軍的阿姆斯壯大砲雖然造成城牆損傷，但直到開城也撐了一個月。

鶴之城，是利用盆地中央的小小高丘建造的平山城，圍繞四方的城濠，擔當了防衛的重責大任。從空中來看，宛如巨大池水裡浮著3座島。

本丸的石牆，是用「野面積」的自然石堆積法，傾斜程度平緩，不過渡過濠池的走廊橋周邊的石牆，幾乎都是垂直的，也有一定高度。聳立的石牆的特殊護岸和無底洞般的護城池水，光是視覺效果應該就會讓敵方喪失戰意。從池子的視點看來，視覺效果可說是城濠的重要要素。

不過，要在盆地的中央維持制敵的水量，應該是個大難題。水流的流入處，在北側和東側兩個地方。緩慢地在城壕中繞圈的水，往南側的湯川流出去，那麼，水源在哪呢？

其實是透過花了200年建造的戸之口水渠，將位於對面山上廣闊的豬苗代湖的水，遙遙地牽引了過來。戸之口堰洞穴是穿過城下町前方的飯盛山的引水隧道。原本選擇要迂迴繞過山的路徑，不過因爲煩惱於經常發生的山崩，藩山佐藤豐助指揮，花了3年時間，只用手和斧頭挖穿了飯盛山。

徒手挖的引水隧道，在戊辰戰爭的時候，會津藩的少年預備隊白虎隊，也用來做爲逃脫路線。通過此處，登上飯盛山，看到城下升起來的煙，19名十多歲的少年，誤以爲城池陷落，最後自殺了。

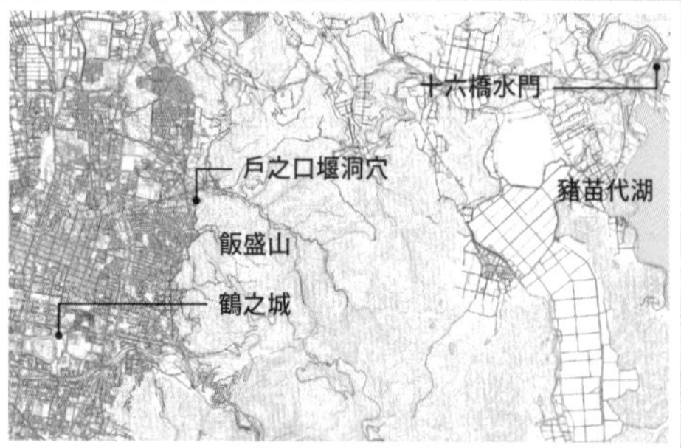

鶴之城的城濠

- ◆ 所在地／福島縣會津若松市追水町
- ◆ 電車／從 JR 東日本磐越西線、只見線的會津若松站到鶴之城公園約 2.8km。
- ◆ 開車／從磐越自動車道的會津若松 IC 到鶴之城公園約 5.5km。

根據日本國土地理院標準地圖製作

城池 二九

生池

位於壹岐島，池名也變成城名的河童傳說之池

城名冠上池名的例子很稀少。丘陵上方中世紀城郭的生活水源池中，據說會有把人活活拉走的河童。

長崎縣壹岐市

河童傳說的池子

蓮池（岩手縣遠野市）

夾在河童淵和常堅寺之間的小小水池。常堅寺失火的時候，棲息在深淵的河童，來灑水相助，住持為了感謝，興建了長得很像河童的狛犬像。不過因為河童淵的水量減少，蓮池曾經消失過，但地方上的有心人，希望河童回來時能有地方住，特地重建了蓮池。

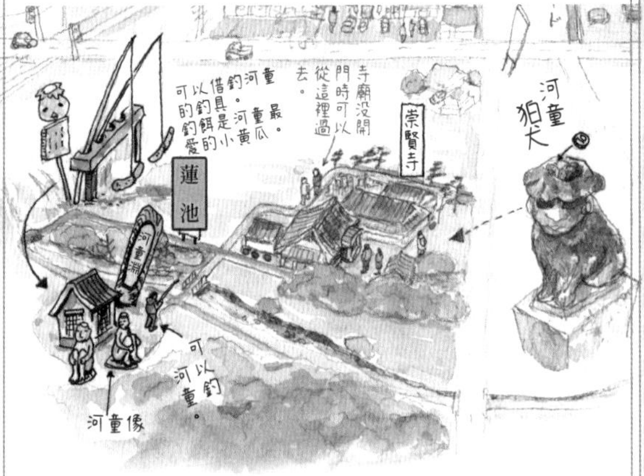
可以借釣河童的釣具。釣餌是河童最愛的小黃瓜。
寺廟沒開門時可以從這裡過去。
常賢寺
蓮池
河童淵
河童狛犬
可以釣河童。
河童像

女神湖（長野縣佐久郡立科町）

是赤沼池的別名。住著叫做河太郎的河童，有時候會變身成可愛的兒童，坐在路旁的大石頭上，看到路過的人，就會問人家要不要玩「拉鑰匙」的手指相撲遊戲，會惡作劇用怪力把人拉到池子裡。傳說河童坐過的「鍵引石」，現在還存在河邊。

流傳怪異的傳說 異樣氣息的水池

生池城，得知這個冠著詭異池名的城的存在，是從壹岐島上陸以後開始。

浮在玄界灘的溶岩台地壹岐島，自古以來就是連結九州和朝鮮半島的海上交易中繼地，曾是繁榮一時的王國。地形也適合農業，很早就有農田的開墾。

進入中世紀，島上的豪

族在各地建了城郭，生池城也是其中之一，位在壹岐島最大的灌溉池大清池附近。海拔145公尺，落差40公尺左右、簡單的城郭，要分類的話，算是丘城吧。

生池城裡並沒有放了水的城濠，但是可以看到在原本城址的丘陵頂上，有2層的空濠，城郭的痕跡大概就是這樣。已被樹林埋沒的現址，看不到周圍，只有立了解說牌和石碑而已。就在旁邊的小丘上，有掛木古墳和百合畑古墳群，可以得知自古以來，就有人類生活於此。

這些四方丘陵圍繞的小小原野的一角中，像是被幾棵松樹藏起來一樣，生池就佇立在這裡。往裡看，外側是三角形，內側是圓型石造的水器中，只散發了水光，沒有像是水池的東西。即使是這樣，地面上被樹根圍住、像是亂流般錯綜的窪地，散發著無法言傳的氣息，深處還有石造的小祠鎮守。池子本身被土砂掩埋了嗎？還是爲了要封印什麼，故意填平了呢？沒有留下相關資料。

雖然周圍沒看到什麼像沼澤的沼澤，這個地方很像從四周山丘上水流下來的集水區，所以從前的生池應該是自然成形的池沼，或是湧水積聚的地方。

江戶時代的圖畫裡，記錄下曾有30平方公尺左右的池子。大概是比較大的客廳的大小吧。

傳說，有河童會活生生把要來汲取生活用水的人拉走。因爲活捉人類，所以取名「生池」，甚至連城郭的名字也變成生池城。因爲也有牛之城（宇志賀城）的別名，後世也就這麼叫了吧。不過河童傳說的印象實在太強了。

池與城都已經不存在了，這是個只能馳騁想像的地方。

生池

- 所在地／長崎縣壹崎市勝本町百合畑觸
- 船／從博多港到鄉之浦港坐高速船約 1 小時 10 分，坐渡輪約 2 小時 20 分。從鄉之浦港到生池城遺跡約 9.5km。
- 飛機／從長崎機場到壹岐機場約 30 分鐘。壹岐機場到生池城跡約 12km。

根據日本國土地理院標準地圖製作

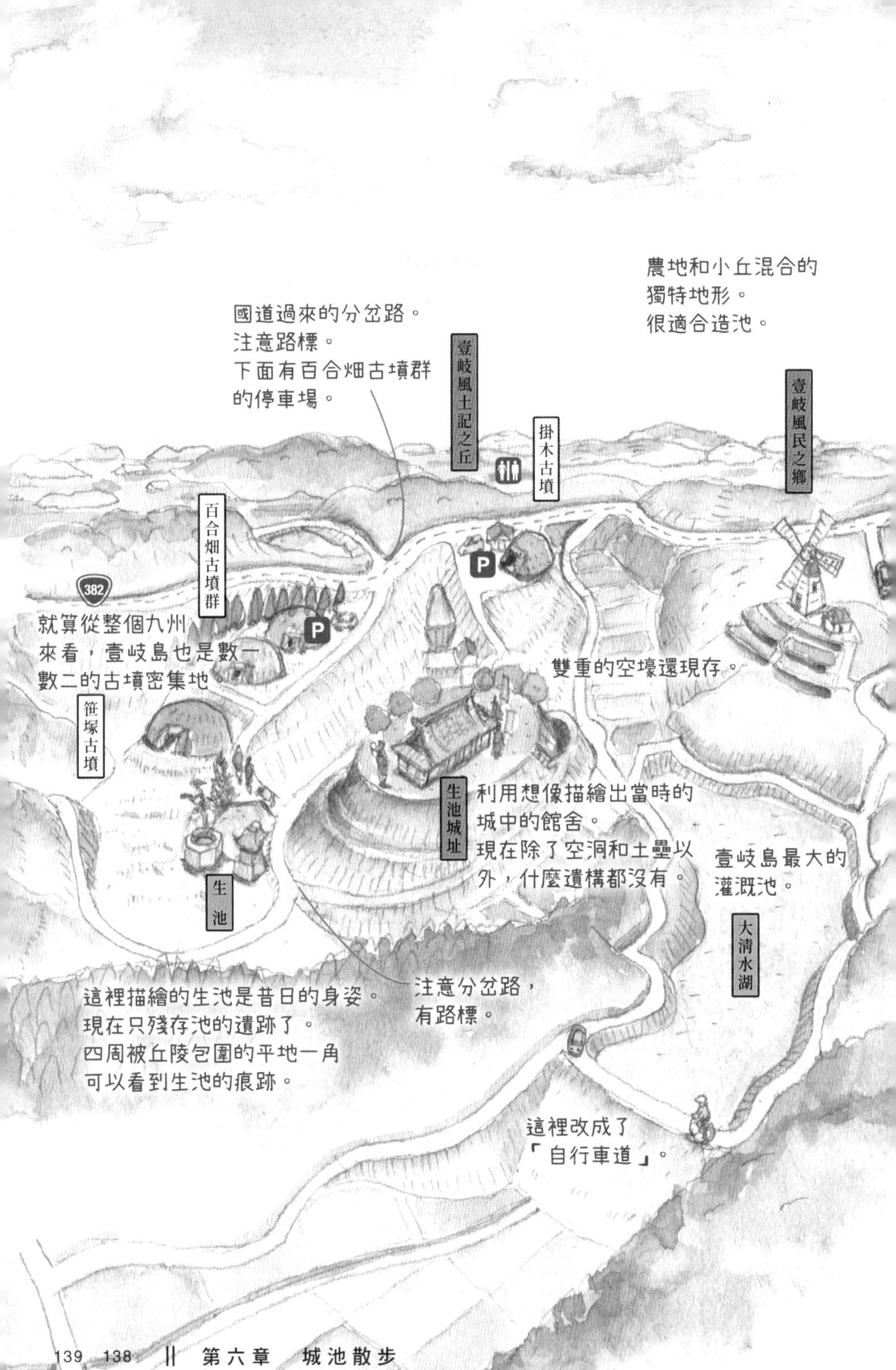
農地和小丘混合的
獨特地形。
很適合造池。
國道過來的分岔路。
注意路標。
下面有百合畑古墳群
的停車場。
壹岐風土記之丘
掛木古墳
壹岐風民之鄉
百合畑古墳群
382
就算從整個九州
來看，壹岐島也是數一
數二的古墳密集地。
笹塚古墳
雙重的空壕還現存。
生池城址
利用想像描繪出當時的
城中的館舍。
現在除了空洞和土壘以
外，什麼遺構都沒有。
壹岐島最大的
灌溉池。
大清水湖
生池
這裡描繪的生池是昔日的身姿。
現在只殘存池的遺跡了。
四周被丘陵包圍的平地一角
可以看到生池的痕跡。
注意分岔路，
有路標。
這裡改成了
「自行車道」。

袋池

建大阪城的築城名家所建造的防禦之城

熊本縣天草郡苓北町

建在突出於海上的陸繫島的富岡城，是島原之亂的舞台。在城郭下方，沒有建造濠溝，取而代之的池子，據說發生過不可思議的現象。

連島原之亂都撐過來的富岡城，現在的建築是經過復原的。亂事平定後，領主家山崎家治，建造了擁有城濠功能的袋池。家治是築城名家，也建造過大阪城天守和丸龜城。

特異地形的平山城下方的神祕池

富岡城，位於突出在天草下島後方的富岡半島上。天草下島雖然是位於離熊本市內80公里的離島，有數條橋梁跨過天草海峽，經過大矢野島、天草上島等4個小島，可以全部由陸路連結。如此一來，也很容易忘記原本是在島上了。

富岡半島是突出於海上的陸繫島。俯視半島內灣的小山上，富岡城郭穩居於此。現在，森林上方隱現的白色部分，是2005（平成17）年修復再現的城郭的白壁。這裡是「島原天草一揆」民亂事件時的主戰場，但城未被攻落，擊退了民軍。

富岡城下方和海水相接，袋池也滿溢著水。在亂事平定後，新領主山崎家治爲了強化防衛力興建的，就是袋池。

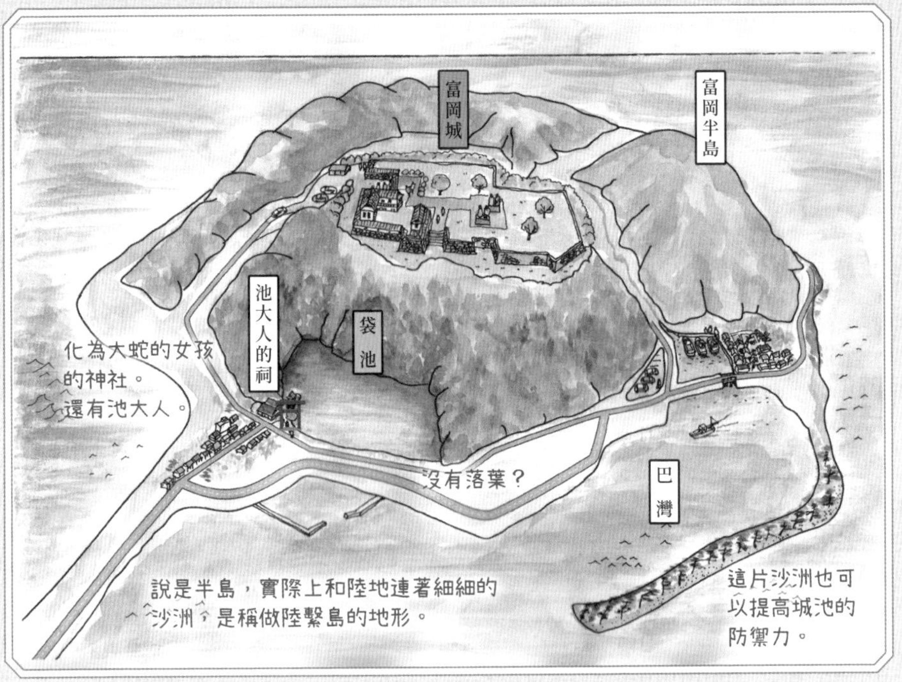
富岡城
富岡半島
池大人的祠
袋池
化為大蛇的女孩的神社。還有池大人。
沒有落葉？
巴灣
說是半島，實際上和陸地連著細細的沙洲，是稱做陸繫島的地形。
這片沙洲也可以提高城池的防禦力。

富岡遊客中心
(富岡城)
巴灣
袋池
富岡半島

袋池

- ◆ 所在地／熊本縣天草郡苓北町富岡
- ◆ 開車／九州自動車道從松橋 IC 經過國道 266 號。
- ◆ 船／從長崎茂木港到富岡港坐高速船 45 分鐘。從富岡港約 1.8km，從口之津港到鬼池港坐旅客船 30 分鐘。從鬼池港約 19km。

根據日本國土地理院標準地圖製作

袋池很神祕。從池子的3個方向，被稍高斜面伸過來的樹林所圍繞，但是水面上，竟然連一片落葉都沒有。池子的水面沒有落葉，是因為池主大蛇在清晨之前，幻化為女孩，清掃了水面。

這個女孩，原來是當地米店的招牌美女。傳說中有一說是她因悲傷而投湖，也有是不小心掉到湖中的說法，無論如何，經營米店的父母，用秤使詭計賺錢的部分是一樣的。現在在袋池的水邊，為了祭祀變成大蛇的女孩，立了神社。

月山富田城池

怎麼攻都攻不下的難攻不落之要塞之池

島根縣安來市

利用複雜山勢地形的山城，可以看到在確保水源上的獨特工夫。一般做法是挖井，也有建造貯存湧泉水的水池。

將整座山要塞化的山城水源確保與否是生存關鍵

城的分類裡，有一類被稱爲「山城」。利用山勢本身作爲天然要害的城，從本丸、二之丸、三之丸和城櫓的各處機能，將山的斜面打造成階梯狀的空間，加以配置安排。俯瞰城的整體時，像是在看著豪華的女兒節的雛偶台。

不過，和平城、水城等不同，要確保住在城裡的眾多人馬的生活用水和消防用水，並非易事。戰爭時，水資源問題堪稱左右城郭命運的最重要課題。

去到山城時，我最介意的就是用水的確保問題了。一邊注意著石牆邊的地形，走在像是迷宮般的要塞時，發現舊井水或池子時，都會有點小雀躍。有時候，有洗馬專用的池子，也有攻陷城池後洗掉檢查首級的血的池子，千萬不能看漏了解說牌。

長期防衛山陰地方的月山富田城，看起來就是堅不可摧的要塞。大多數山城，從景觀看來，很多都跟山合爲一體，這座城，開拓了山上的森林，容易實際感受到立體要塞的全貌，這是它的魅力所在。

這座城跡裡，中段的山中御殿內，殘留了軍用大井和雜用井，往上到七曲的路上，有山吹井戶。軍用大井戶下有個湖周長約80公尺的水池，是汲水場嗎？還是後來才建造的用水池？不能確定，但是，池畔那棵樹凜然的風姿，表現出十足的存在感。

如果用地形爲線索，探索水脈、井水、水池的話，從前的山城生活就會鮮活地復甦了吧。

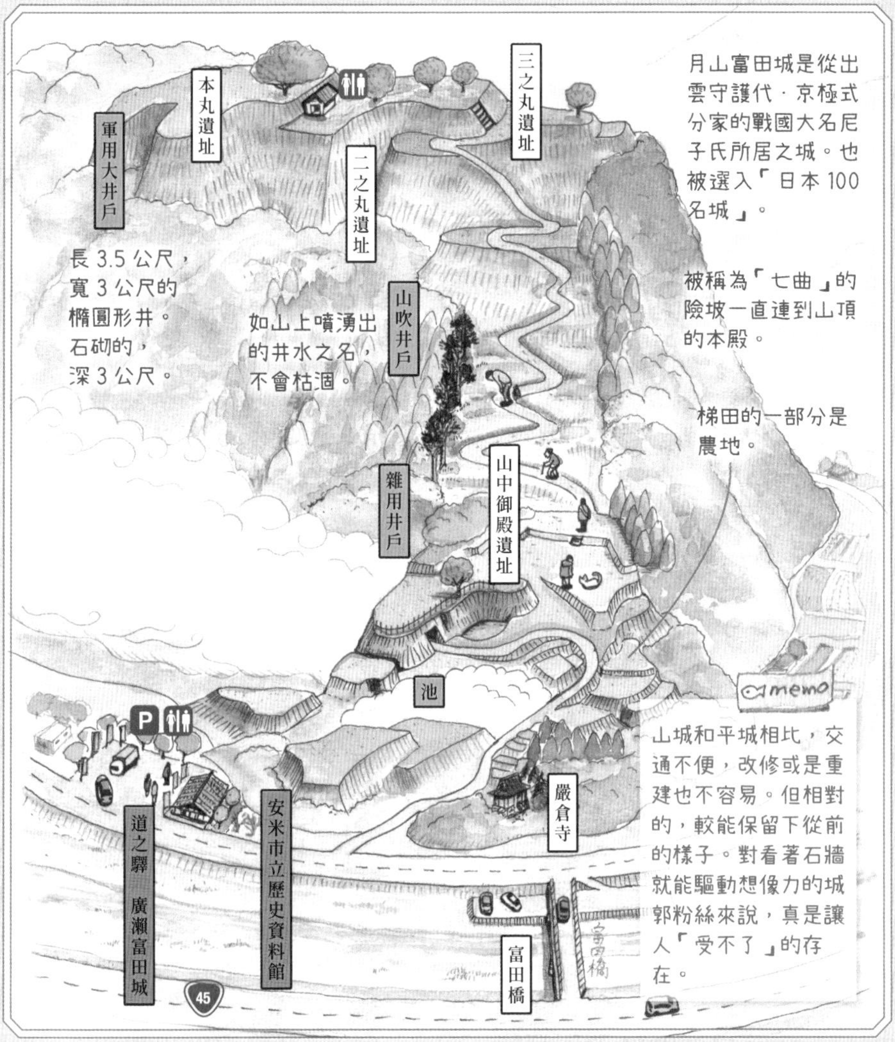
月山富田城是從出雲守護代·京極式分家的戰國大名尼子氏所居之城。也被選入「日本100名城」。
本丸遺址
三之丸遺址
二之丸遺址
軍用大井戶
長3.5公尺，寬3公尺的橢圓形井。石砌的，深3公尺。
山吹井戶
如山上噴湧出的井水之名，不會枯涸。
被稱為「七曲」的險坡一直連到山頂的本殿。
梯田的一部分是農地。
山中御殿遺址
雜用井戶
池
memo
山城和平城相比，交通不便，改修或是重建也不容易。但相對的，較能保留下從前的樣子。對看著石牆就能驅動想像力的城郭粉絲來說，真是讓人「受不了」的存在。
巖倉寺
道之驛 廣瀨富田城
安来市立歷史資料館
富田橋
45

月山富田城遺跡

月山富田城池

- 所在地／島根縣安來市廣瀨町富田
- 電車／從 JR 西日本山陰本線安來站約 12km，從荒島站約 11km。
- 開車／從山陰自動車道安來 IC 約 12.5km。

根據日本國土地理院標準地圖製作

逛逛

城池

很多「城池」的由來是「濠溝」。
明治時代以後被棄置的池子很多，
經常可以看到從荒廢狀態重新整修，
作爲公園元素之一，敗部復活的池子。
從湛滿水的池面
可以想像昔往雄偉的英姿吧。

人工池（城池）

牛沼

秋田縣橫手市城山町

明治維新後，戊辰戰爭時被燒毀的橫手城邊的池子，位於橫手市街的中心。現在是橫手公園裡的水元素，成爲市民的休憩場所。是因爲原來是城郭的內濠嗎？並沒有石牆的壓迫感，池岸延伸著蓬鬆的草地，池子的表情溫柔可親。雖然是城濠，也開放作爲釣魚場，是日本白鯽的釣魚名點。春日的櫻，秋日的紅葉，在其中拋竿的釣客身影，也飄逸著詩情。

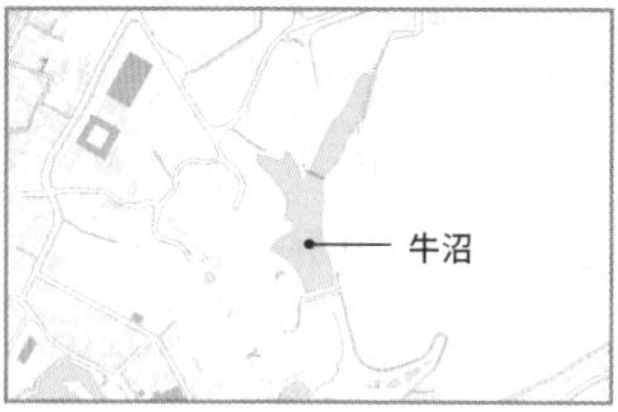

根據國土地理院標準地圖製作

人工池（鹽田跡）

柳川城的小運河

福岡縣柳川市

柳川在面對有明海的低地上，密密麻麻如同網絡般的農業用水路，又被稱爲「小運河」（クリーク），是獨特的景觀。市井街道上也是如此，直到江戶時代，還是有柳川城城濠的功能。連綿的水路，依偎著街道巷弄和住家，也可以坐上船老大搖槳的和舟，享受水上漫步的樂趣。柳川城因爲這些水路之恩惠，被譽爲「凡將籠城一年不落，名將三年不落」的城。實際上，戰爭時期，這座城從未陷落過。

根據國土地理院標準地圖製作

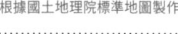

城池

人工池（灌溉池）

靜岡縣伊豆之國市韮山

戰國時代的關東霸者北條家的支城「韮山城」，在豐臣秀吉軍的猛攻下，撐過了3個月。在城上高台腳邊的，就是這座以城池為名的池子。雖是這麼說，這個池子並不知道小田原戰爭的激烈。是因為這樣嗎？池子周邊的空氣，不是一般城郭池會經常讓人感受到的沉重感，反而被和煦的氣氛包圍。現在已經是親水公園，可以走步道環池一周。也有放養日本白鯽的野釣場。

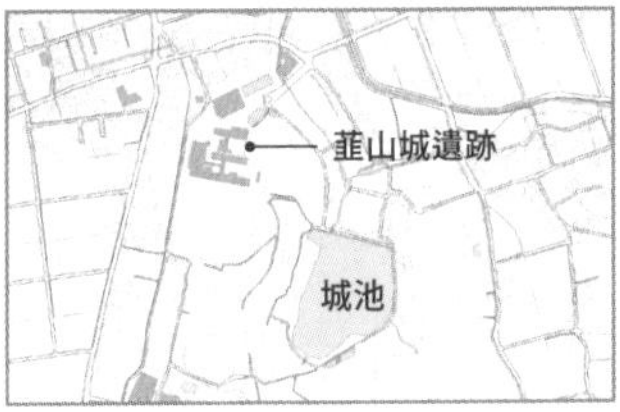

根據國土地理院標準地圖製作

南鄉池

人工池（城池）

京都府龜岡市南鄉町

和明智光秀有緣的丹波龜岡。距離龜岡站大概200公尺左右，位於市街中心南鄉公園的水池，原本是丹波龜山城的城濠。菱藻茂盛，池水相當淺。在香魚洄游保育協會的主辦下，持續舉辦驅除外來魚種的釣魚大會。岸邊有利用間伐材的木棧道，很多人來這裡散步。南鄉池的象徵，聳立在池畔的巨大槐樹，是地方人士重視的神木。

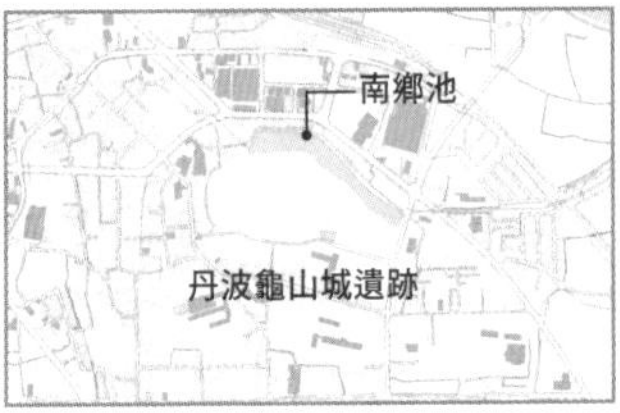

根據國土地理院標準地圖製作

剛之池

人工池

兵庫縣明石市明石公園

以明石城址為中心，足球場、博物館、圖書館一應俱全的明石公園，位處明石站的正面，也兼備歷史、文化、運動、休閒等要素，被選為「日本都市公園100選」。斜看城濠的主角剛之池，除了能乘坐手划船或腳踏船等水面活動，也有環遊的步道，慢跑和健行的人們很多。

根據國土地理院標準地圖製作

人工池（城池）

白河小峰城的城濠

福島縣白河市郭內

東北玄關口，福島縣白河市。阿武隈川沿岸，像展開裙襬般的獨立丘陵「小峰之岡」上，小峰城坐鎮於此。南北朝時代已經構築好基礎，江戶時期，重建爲包含本丸的「梯郭式」建築。但是，在幕末因戰火毀壞。城濠沒有石牆的地方很多，反而發展出很有味道的水岸。草地的護岸也很多，作爲釣魚場很受喜愛。尤其在櫻花季節釣魚，對愛釣魚的人來說應該很特別吧。

根據國土地理院標準地圖製作

天然湖

須川湖

長野縣上田市諏訪形

小波山中海拔720公尺的水池。把原本天然的沼澤改建成「須川湖」。據說往下俯瞰湖畔的高台，是木曾義仲的據點。從前被森林環繞，似乎不管從哪個地方，都看不到池子。一到冬天，湖面會結凍，所以也用來當溜冰場，50年前還辦過全國滑冰比賽。也有不可思議的傳說流傳：到了晚上，沉在湖底的鐘會鳴叫。

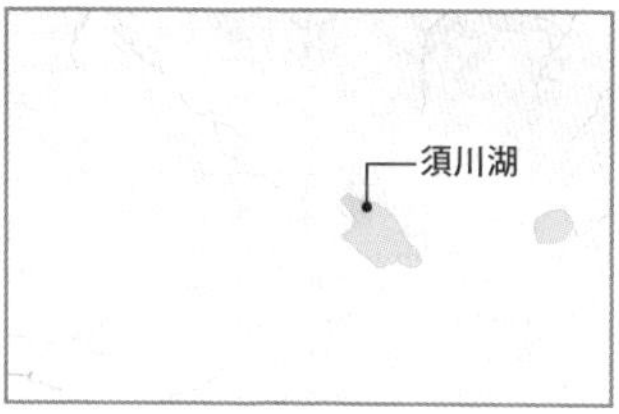

根據國土地理院標準地圖製作

天然池

空素沼

秋田縣秋田寺內高野

被秋田城址和住宅圍繞的雜木林的低窪地區，有一個像是氣穴般，滿溢著不可思議空氣的水池。也留下了和蛇及乞雨相關的故事。好像是一夜之間出現的池子，也有人說是無底深淵，因爲以〈南總里見八犬傳〉聞名於世的滝澤馬琴的隨筆集裡，也出現過這個池子的名字。像是從古時開始就有吸引人的特質了。現在也是當地有名的神祕景點。成因如果和旁邊的古代沼一樣，就是砂丘湖的一種。

根據國土地理院標準地圖製作

人工池（復原池）

備中高松城的蓮池

岡山縣岡山市高松

備中高松城是將廣大的池沼低溼地形作爲天然防御壁的水邊之城。名軍師黑田官兵衛，在攻打這個被水保護的城池的時候，想出了天下奇策「水攻」（133頁）。城的痕跡幾乎已不見，但1978（昭和53）年，在城郭地的周圍，復原池沼的時候，並未特地撒種子，蓮花卻長了出來。是戰國時代以來，沉眠在地底的種子發的芽吧？

根據國土地理院標準地圖製作

人工池（灌溉池）

日月之池

兵庫縣洲本市小路谷

洲本城建在俯瞰淡路島市街的三熊山上。在山城，確保生活用水是生死存亡的問題（142頁），創造出新的結構，收集石牆排出的雨水，再存到日月之池中，似乎是和設在橫面的日月之井連動。池名由來是因爲鋪在井底的石板上，有太陽和月亮的雕刻。不僅作爲生活用水的確保，非常時期，藉由破壞石砌的擋土牆來製造人工土石流，也可以抵擋敵人入侵。

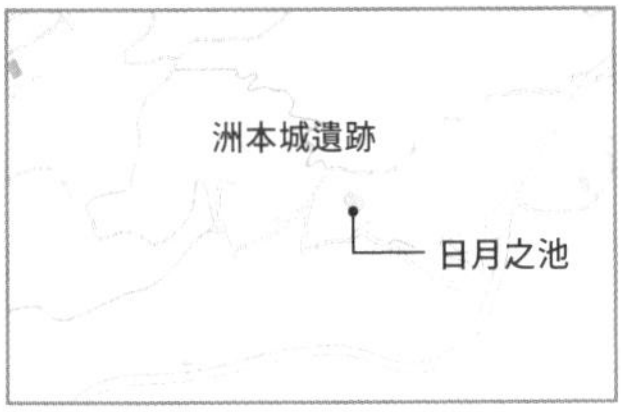

根據國土地理院標準地圖製作

人工池（城池）

今治城的城濠

愛媛縣今治市通町

今治城是和高松城（香川縣）、中津城（大分縣）並列，爲日本三大「水城」之一。地理位置面海，濠溝直接引入海水。和今治城一樣，在面海的城郭引入海水，平時也可作爲海上交通的運河使用。因爲連結大海，不僅受漲退潮的影響會產生水位的變化，黑鯛和河豚等海水魚也會游入其中。聽說有時候高級的比目魚也會出現。

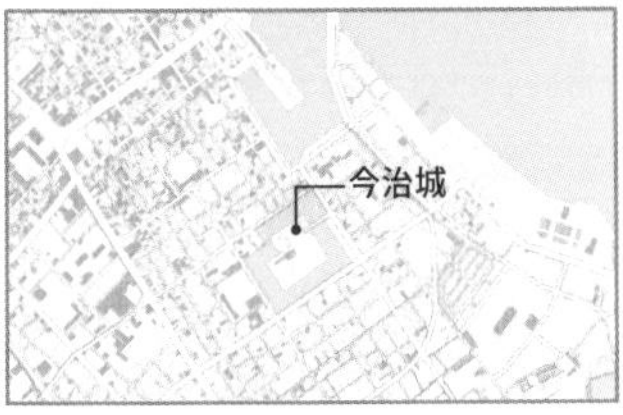

根據國土地理院標準地圖製作

水池的珍貴情報來源
看板和解說牌太有趣！

池子看板沒說出來的事情

去初次拜訪的池子的時候，看解說牌或是看板，也是樂趣之一。喔不，就請務必先找解說牌吧！

如果不是個人或企業擁有產權的水池，不能隨意設置解說牌或看板。而且要設解說牌，出乎意外地花錢。就因爲麻煩又花錢，所以池子看板上，放進了很多紮實的訊息。

在看池子的解說牌時，也請注意設置者的名字。灌溉池的話，多是農家團體或是地方自治單位、警局等，公園池的話，是地方行政體或管理單位。如果有複數的情況，那也是提供解讀複雜的水池管理結構的重要線索。

刊登水池解說地圖的看板，常會連湖周遊步道的距離或是周遭景點一起說明，容易掌握池子的規模和地形。如果上面還記載了水池的歷史和傳說的話，更讓人心動不已。很多灌溉池是江戶時代建造的，石碑的碑文連網路上都沒有，有時解說牌上面沉睡著無比貴重的水池情報。

新潟縣系魚川市的注意高浪之池的禁止看板。因爲沒說明「浪太郎」乃是何許人物，對不知道的人來說，「禁止游泳」的理由只等於不可解的謎團。這種表達方式，是讓人不禁拍大腿叫絕的好看板。

大瀨神池的看板。設置者是大瀨神社。上面寫著，在海的旁邊，有很多淡水魚像是鯰魚、鯽魚和鯉魚等，還有因爲害怕並沒有深入調查的魚種。

有點古怪的水池看板

「浪太郎會嚇到，請勿游泳」，貌似認眞的看板，提醒人「禁止游泳」的是高浪之池。有禮的英文讓人不禁莞薾：「Please don’t swim in the pond because ‘the Namitaro’ is surprised.」，看到這裡，外國人會問「what’s Namitrao ？」吧。順道一提，浪太郎是在這池子裡被多次目擊的多達數尺的巨大魚。

另一方面，說到最近常看到的看板的話，是「禁止釣魚」、「禁止進入」。其中還有用數十萬日幣的高額罰金來嚇人的看板。

比高額罰金更嚇人的是全日本最恐怖的看板，由靜岡縣沼津市的大瀨神社所設立（174、186 頁）。看板上這樣寫「入池加害魚類者死，或將遭遇到精神異常等意外之災」。文體和字體上，都滲出一股淒厲感。

第七章

町池散步

在城鎮中，偶遇令人驚訝的歷史和傳說

城鎮上像是突然張開嘴巴的町池。
平常經過旁邊
大概也不會在意吧。
探索池子根源的話，
才發現到有很多水池擁有出人意
表的身世。
町池，充滿了不為人知的故事。

町池

三二

浮島之森

遺落在市街中心的神祕的池子

和歌山縣新宮市

被指定爲國家天然紀念物的浮島之森。池子的正中間是一座長出森林的島嶼，森林裡混生著北國和南國的植物。

新宮站
紀勢本線
水排出側。
有小小的溢洪道。
浮島
浮島川
浮島川在住宅區的土地上流動，看起來只是稍大的水溝。為了淨化水質，引進了熊野川的水源。
浮島之森導水路
浮島川導水路
42
從熊野川來的地下引水管，引進乾淨的水。

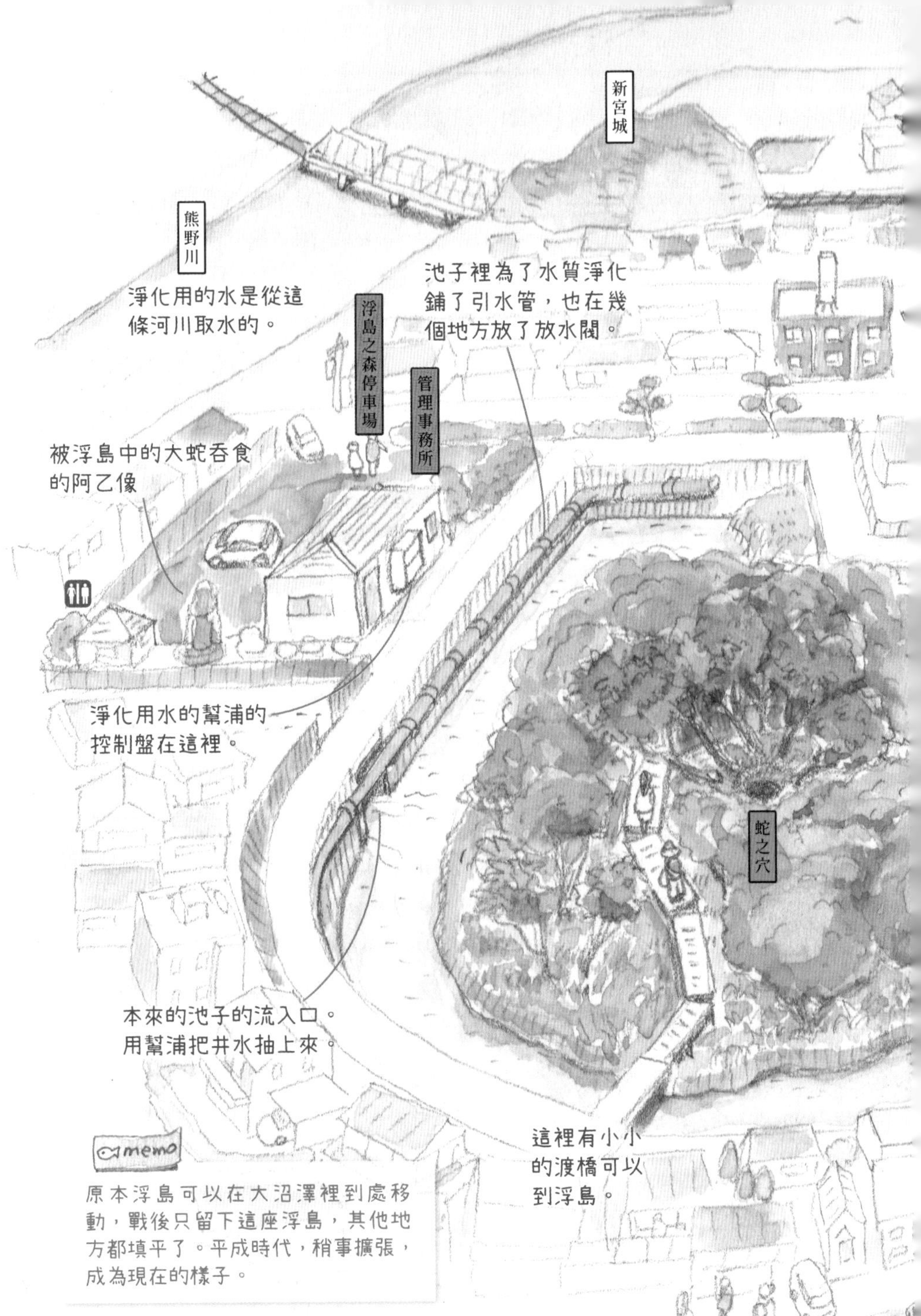
新宮城
熊野川
淨化用的水是從這
條河川取水的。
浮島之森停車場
管理事務所
池子裡為了水質淨化
鋪了引水管，也在幾
個地方放了放水閥。
被浮島中的大蛇吞食
的阿乙像
淨化用水的幫浦的
控制盤在這裡。
蛇之穴
本來的池子的流入口。
用幫浦把井水抽上來。
這裡有小小
的渡橋可以
到浮島。
memo
原本浮島可以在大沼澤裡到處移
動，戰後只留下這座浮島，其他地
方都填平了。平成時代，稍事擴張，
成為現在的樣子。

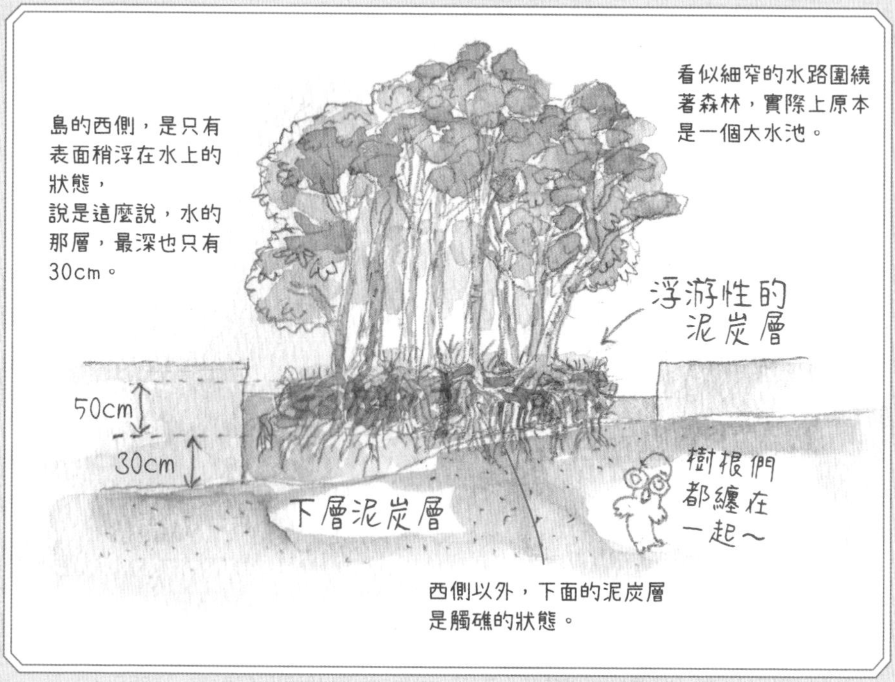
看似細窄的水路圍繞著森林，實際上原本是一個大水池。
島的西側，是只有表面稍浮在水上的狀態，
說是這麼說，水的那層，最深也只有30cm。
浮游性的泥炭層
50cm
30cm
下層泥炭層
樹根們都纏在一起～
西側以外，下面的泥炭層是觸礁的狀態。

市街地正中央的天然紀念物浮島

離和歌山縣新宮站，只有400公尺，市街地的中心，留下了一片不可思議的森林，宛如保留了太古之初的姿態。茂盛的森林，看來像是被水路所包圍。

其實這個像是水路的東西，是一座大水池的外環部分，這座森林就像字面一樣，是「浮在池上」的島嶼。

包括杉樹和闊葉樹的大樹，130種以上的植物造就的森林，完整地浮在池子上，聽到這件事，大概難以馬上相信吧。但是，聽說以前的人在島的邊緣跳來跳去時，還能感受到浮島悠悠地搖動呢。

在浮島一帶還是沼澤地形的西元1700年左右（江戶時代的元福時期），泥炭層浮在水上形成了島，所以算是比較新出現的島。

厚度50至60公分的泥炭層上面，堆了表土和樹木。能抬起巨木之森的強大浮力，到現在還未得到完美解釋，是泥炭化的倒木扮演了竹筏的角色嗎？還是泥炭層裡的甲烷的參與呢？

森林裡有許多不可思議的植被，一座森林中，混合了溫帶和寒帶氣候的植物。昭和初期，這裡也被指定爲國家的天然紀念物。指定名稱是「新宮藺澤浮島植物群落」。

颱風的時候，
島會流到池的岸邊，
還曾經破壞了池岸邊的
民宅。
據說本來的寬度是湖周長
2.5km 級的池沼。
比東京上野的不忍池大了
一兩圈。
在風的影響下會到處移動。
昭和初期的想像圖

島內的植物解說板上，將溫帶和寒帶氣候植物分成紅色和藍色，應該很容易分辨吧。

到戰前爲止，都還在沼澤中漂來漂去

原本浮島所在的沼澤最大的寬幅1公里，狹窄的地方有300公尺，是相當大的池沼。在沼澤中，浮島會跑來跑去，這種有趣的光景，到戰前都還看得到。颱風時會碰到岸，還會破壞岸邊的房子，看來是相當自由不羈的浮島呢。

但是戰後在糧食缺乏的狀況下，沼澤被填平成水田，雖然要填平被指定成天然紀念物的沼澤，但是「那時代，大家爲了活著很拚命啊」，管理員說的話，很有重量感。

高度經濟成長期時，水田又陸續被改造爲住宅用地，不知何時變成了被住宅區包圍的池子，水質漸趨惡化。

很遺憾，現在的浮島之森，除了西側以外，池底已經觸礁了，已經不能像從前那樣輕飄飄地漂來漂去了。

無底的「蛇穴」日本恐怖故事的元祖

大蛇和年輕美女，是日本國內的水池傳說的固定搭檔（84頁），浮島之森也不例外。和父親一起來砍柴的年輕女孩阿乙，被

孝順女孩「阿乙」被吞進去的「蛇之穴」
位於島的最深處。
現在立了解說板，看不到洞穴。
聽人說就算是伸進 10m 的竹竿，也碰不到底。

大蛇吞噬，拉進了洞底。

走過細小的步道到浮島，木道延伸到森林的深處。到處都是積水洞穴。從前大概眞的有被拉住腳的風險吧。再往前走，被大樹包圍，展開了如同氣穴般的空間。據說阿乙是在這裡被大蛇拖進去的。

這個傳說，很快地化成俚俗歌謠，越過小村子，傳播到世間，最後激發了上田秋成的靈感，寫出了《雨月物語》的〈蛇性之婬〉。

現在在浮島之森的最深處，可以看到阿乙被吞進去的「蛇穴」的遺跡。

守護浮島之森的努力現正持續中

現在，浮島之森的池子周圍，已經是櫛比鱗次的住宅區。進入平成時代，池子擴張了，除了一部分以外，幾乎外圍都做了水泥的垂直護岸。隔著一片板牆，對面就是居民的生活區域。因此，生活排水的混入帶來水質惡化和外來魚、外來植物繁殖的影響，池子的生態環境極爲嚴酷。

往池子的水源流入口，在辦公室（池子北側）的附近，水源是用幫浦抽井水，但水量不多。

爲了要引入更多清水，用了大絕招，將熊野川的水從地下隧道引進來。隧道經過國道42號下方，在市道分為兩條；到了浮島川引水路，在跟浮島川合流的地方再一次分道，一邊逕入浮島川，一邊輸送到池子周邊鋪設的引水管裡。

簡直像是布滿了輸血管才能勉強維生的患者狀態，作為都市池的一種形態，令人印象深刻。

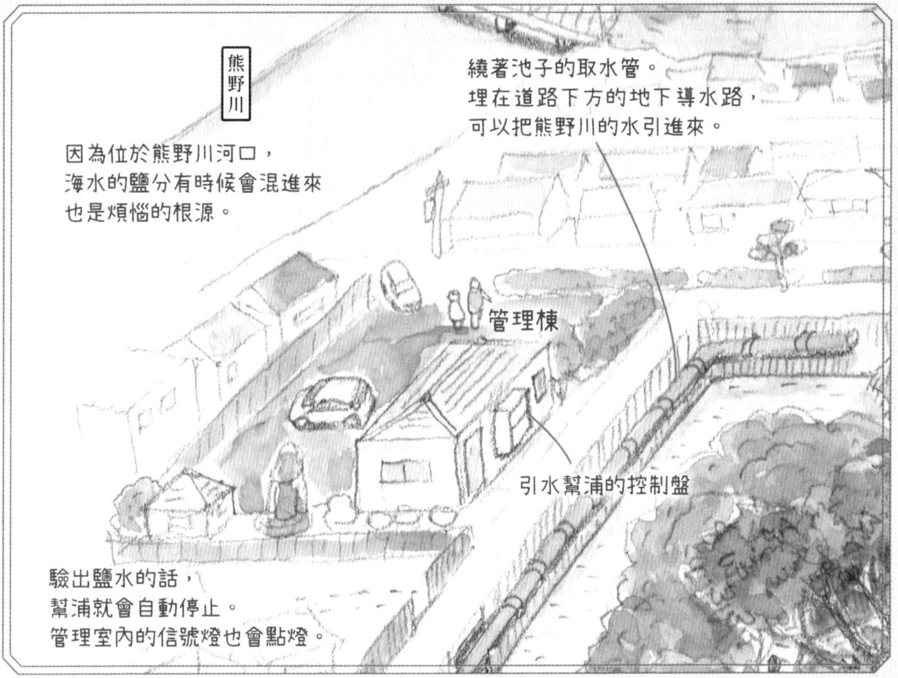
熊野川
因為位於熊野川河口，
海水的鹽分有時候會混進來
也是煩惱的根源。
繞著池子的取水管。
埋在道路下方的地下導水路，
可以把熊野川的水引進來。
管理棟
引水幫浦的控制盤
驗出鹽水的話，
幫浦就會自動停止。
管理室內的信號燈也會點燈。

熊野川
浮島之森

浮島之森

- ◆ 所在地／和歌山縣新宮市浮島
- ◆ 電車／從 JR 西紀勢本線新宮站出發約 500m。
- ◆ 開車／從紀寶分流道、成川交流道出發約 1.8km。

根據國土地理院標準地圖製作

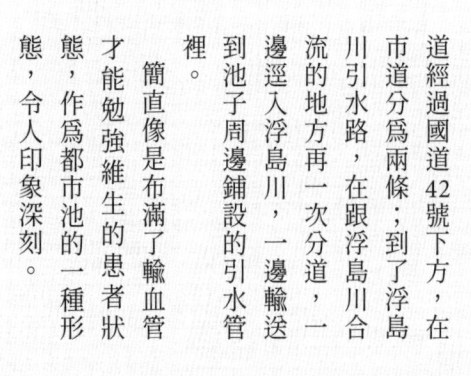

町池 三

砂沼

被填平的天然池沼，成爲灌溉池敗部復活

茨城縣下妻市

將廣大的沼澤作爲天然防禦的下妻城。現在，別說是形狀了，沼澤連影子都消失了，城市面積越來越大。

唯一遺留下的砂沼，它流轉的命運是？

鳥羽之淡海（消失）
也稱為騰波之江、騰波淡海。
古代在《萬葉集》裡和筑波山成對、
名字曾被歌詠的巨大湖泊。
在古鬼怒川的治水工程後縮小。
滄海後來變成了良田。
市公所
多賀谷城跡公園
多賀谷城
也稱為下妻城。
城濠的「館沼」，
現在已經完全看
不到了。
下妻站
堰體的紀念碑和
解說牌。
日本白鯽的釣客
有人也會將釣台設
在水中。
享受自己一
個人的湖中
樓閣。
砂沼水門
散步之站
堰體旁有停車場和可以
一覽砂沼的咖啡館。

筑波山
現在的大寶八幡宮留下了城的面貌。
城郭陷落時的城主是下妻氏。
大寶城
大寶站
大寶沼（消失）
江戶時代中期，砂沼、大寶沼、江沼都填水造陸，後來3個池沼都復活成為灌溉池。再之後，除了沙沼以外，都再度被填平。
關東鐵道常總線
大寶沼是鳥羽之淡海的一部分，也包括「平沼」和「館沼」。
江連用水
花菖蒲園
砂沼廣域公園
鄉土博物館
有菖蒲園和觀櫻苑。
愛宕神社
砂沼大橋
舟宿
行人專用橋
砂沼
砂沼 sun beach（閉園）
memo
被選為「茨城百景」、「全國灌溉池百選」。「灌溉池百選」的認定名稱是「砂沼湖」。
砂沼湖畔有免費的自行車租借，繞砂沼一圈或下妻的城市周遊都很方便！

守城的天然濠溝
曾被掩埋過又復活

因爲深田恭子和土屋安娜主演的電影《下妻物語》一躍而聞名全日本的下妻市，有很多水田和灌溉池，在常陸地區也是有名的稻米產地。是口感黏糯受歡迎的稻米「牛奶皇后」的發祥地。

戰國時代，這裡的下妻城，以廣大的大寶沼和館沼作爲天然城濠，自豪於其強大的防禦力。然而，現在大寶沼和館沼都被填平，城鎮和水田擴張了。要懷想往昔，就只有「多賀谷城跡公園」了。但說是「城跡公園」，也只有石碑和遊具而已，是市中心的小小兒童公園的感覺。

下妻和東邊的小田城、西邊的逆井城一樣，是利用天然池沼的城池，有中世紀城郭被復原成華麗的歷史公園，對古城愛好者而言，下妻城可以說是可以盡情嘗試想像力的對象吧。

曾是壯大的沼城，城郭的遺構和池沼，卻什麼都沒留下來。但是如果想尋求池子的舊貌，幸好，堪稱小鎮代表容顏的砂沼，還是延展出了豐饒的水岸風景。

其實，江戶時代中期的新田開發活動中，大寶沼、江村沼、砂沼也曾經被填平消滅。後來，光從鬼怒川引來的江連用水不足以供應，砂沼又復活成擁有厲害人工堤的灌溉池。

雖然擁有天然池沼的前世根源，因爲人類的方便，消失了一次，接下來又再新生爲人造湖，這當然已經是命運多舛了，但重要的是，消失的池沼是傳達過去歷史的貴重存在。一邊看著市街的微妙起伏，一邊在鎮上散步，大概又可以看到不一樣的風景吧。

湖周長6公里的湖畔，在綠地裡有縣立砂沼廣域公園（觀櫻苑）、球場、下妻鄉土博物館，已是一個大型的文化據點。350棵櫻花樹和2萬9000棵的花菖蒲，讓人享受四季的多采多姿，而淡雅的舟宿也增添了幾許詩意。

砂沼

- ◆ **所在地**／茨城縣下妻市下妻丙
- ◆ **電車**／從關東鐵道常總線的下妻站出發約 1.8km
- ◆ **開車**／從常磐自動車道的土浦 IC 出發約 27km，從北關東自動車道的櫻川筑西 IC 約 26km。

根據日本國土地理院標準地圖製作

町池 三四

池之內湖與鏡池

能遊憩的灌溉池和俯瞰奇岩的庭園池

佐賀縣武雄市

武雄溫泉擁有1800年的歷史，這個城鎮裡有被地方居民所愛的灌溉池，以及城鎮的象徵、烘托奇岩之美的池子。

「放水」是？

「放水」（掻い掘り，かいぼり）是為了維持貯水機能和改善水質，放掉池子裡的水，在太陽下曬乾的活動。主要選擇在農閒期進行，也有每年實施的地區。放水、曬池、換掘、換乾、曬池、流泥、流垃圾等，各地說法不同。

放水的目的

- 排除塞在底部的汙泥和砂土。
- 讓底土暴露在空氣中，藉助微生物促進有機物質分解。
- 堰體和取水設備的檢查和修理。
- 捕捉池子的魚，作為蛋白質來源。
- 外來種的驅除和垃圾的撤除。

「放水」（掻い掘り）的活動

把傳統的放水作為活動保存，可以滋賀縣的八樂溜（80頁）的「オオギ漁」為例。以此為主題的電影有《播種的旅人：傳說的故鄉》，在淡路島的奈良町池拍攝。

放水可以幫助海中生物的生態？

把富含營養的水流到海中，可以促進海產物的生長，所以各地也試著邀請漁業從事者加入活動（31頁）。

進行「池乾」活動 把池水全部放光光

有名的溫泉勝地佐賀縣武雄市，有許多充滿詩意的灌溉池。

武雄市的池之內湖，很多家庭遊客的武雄溫泉保養村，也是公園的構成要素。名字雖然有「湖」字，但是也被選爲「灌溉池百選」，是現役的農業用灌溉池。湖面也開放給遊船和釣魚等休閒活動（128

頁）。

這個池子，以當地高中生為主，每5年就進行「放水」活動（這個地方稱為「池乾」），是實踐型的學習灌溉池功能和維持管理的好機會。活動捕獲的大口黑鱸會炸成天婦羅，分給參加者，獨特的做法也會經登上當地報紙。

湖周遊步道一圈2.1公里，東岸側是和車道的共用道。流入池之內湖的沼澤是550公尺前方的螢池，區間整理成清流步道，還長出了西洋菜。

江戶初期的1625年建造時，還是小小的池塘，大約經過兩百年，伴隨新田的開發，堤防被架高後，擴大規模，形成今日的模樣。

表現出自然的剛柔並濟 奇岩與水池的絕佳搭配

池之內湖附近的御船山樂園，有一座不只是佐賀，更是全九州第一的回遊式庭園（113頁）。

像是睥睨一切般展現偉岸的岩稜，坐擁御船山的壯大日本庭園，基礎形式參考自幕府末年佐賀藩主別邸的萩之尾園。

這座御船山樂園中，擔負起為奇峰增色的四季之花或綠葉的襯托角色者，便是鏡池了。

水的流入口，是從岩山往下流的水澤，在菖蒲聚落，體現了天然池沼般的小宇宙。旺季時會舉辦夜間點燈，可以看到池水在夜晚時的豔麗表情。

奇岩和池子的組合，讓遊客享受到剛柔並濟的趣味，這種池子，還有石川縣那谷寺的蓮池（189頁）和德島縣的瓢簞池（76頁）。

雖是水庫湖，傳說有鬼棲居，可俯瞰奇峰的大洞穴的並石水庫湖（大分縣國東半島）；岐阜縣的瓢簞湖、松野湖的巨大奇岩則帶著圓弧形，可以看到獨特的風景。

池之內湖與鏡池

◆ 所在地／佐賀縣武雄市武雄町
◆ 電車／從 JR 九州佐世保線武雄溫泉站到池之內湖約 3.5 公里，到鏡池約 2.5 公里
◆ 車／從長崎自動車道武雄北方 IC 到池之內湖約 6km，到鏡池約 5.2km

根據日本國土地理院標準地圖製作

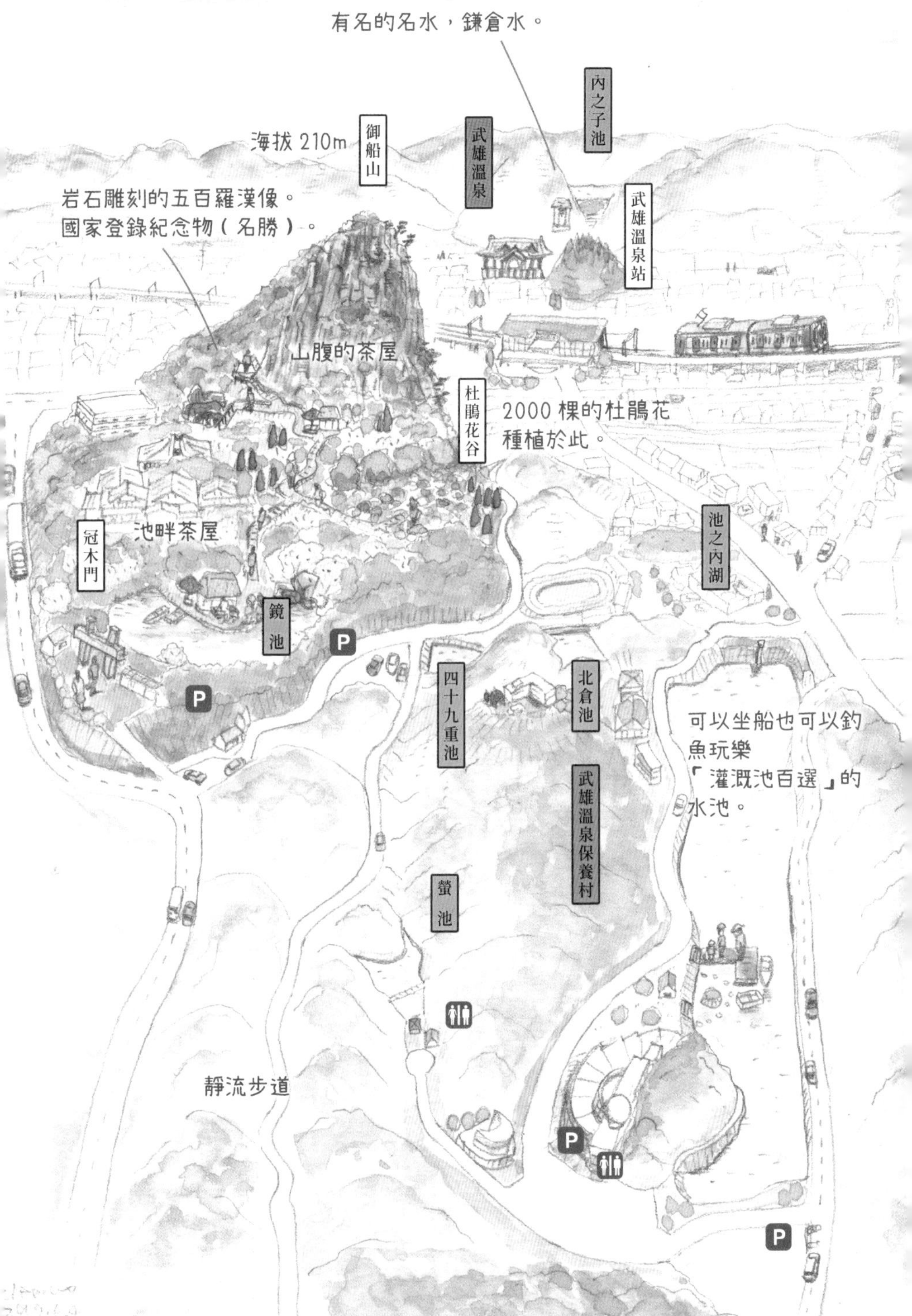
有名的名水，鎌倉水。
內之子池
武雄溫泉
御船山
海拔 210m
岩石雕刻的五百羅漢像。
國家登錄紀念物（名勝）。
武雄溫泉站
山腹的茶屋
杜鵑花谷
2000 棵的杜鵑花
種植於此。
冠木門
池畔茶屋
池之內湖
鏡池
四十九重池
北倉池
可以坐船也可以釣
魚玩樂
「灌溉池百選」的
水池。
武雄溫泉保養村
螢池
靜流步道

猿澤池

芥川龍之介或泉鏡花執筆的傳奇小說之舞台

奈良縣奈良市

奈良時代建造的宗教活動用池。在以非儲水目的而建造的水池中，這裡屬於最古老的級別。也是日本三澤（池）之一。

倒映著五重塔的水池 七大不可思議和大蛇傳說

說到代表古都的水岸風景，非舉猿澤池不可。這是奈良時代為了宗教活動的放生（175頁）建造的水池。五重塔倒映在水面的美景，千餘年未變，現在也在5月進行鯉魚的放生祭，已是地方上的獨特風情畫。

俗謠中也唱到猿澤池的七不思議是「不清、不濁、不出、不入，不生蛙，不生藻，魚七分，水三分」，采女（宮女）和大蛇傳說（84頁），給了文豪名作帶來靈感。

在采女祭，正當中秋明月時，晚上7點開始，船頭刻著龍首和鷁首的2艘船，在池上前行，上面載著身著十二單衣的女性和奈良小姐，穿行於水面上的40盞燈籠之間，緩緩繞池2周。其中的幽玄意境，無法用筆墨表達。

附近東大寺的鏡池、正倉院的大佛池等洋溢古都風情的池畔上，鹿群吃著草。再多走一下，水上池、蛙股池等超過千年的日本最古老等級的灌溉池和古墳池，現在依然健在。

在池上放船的儀式，愛知縣的丸池和靜岡縣的新宮池也可以看到。

二月堂
春日大社
正倉院
東大寺
鏡池
大佛池
南大門
志賀直哉邸
也稱為「二之池」。
綠意池
鷺池
P
洞水門
近鐵奈良站
興福寺
荒池
猿澤池
采女神社
西小池
東大池
和大蛇傳說很有關係的采女神社。
鳥居明明對著池的方向，社殿卻背對水池。
大乘院庭園

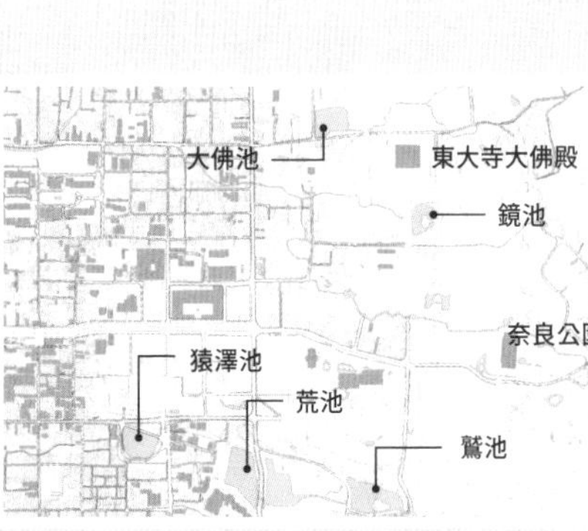
大佛池
東大寺大佛殿
鏡池
奈良公園
猿澤池
荒池
鷺池

猿澤池

◆ 所在地／奈良縣奈良市樽井町

◆ 電車／從 JR 西日本大和路線的奈良線奈良站出發約 1.2km，從近畿日本鐵道奈良線近鐵奈良站約 500m。

根據日本國土地理院標準地圖製作

牛潛之池

松蟲姬的忠義之牛，所投身的都市型調節池

千葉縣印西市

奈良時代，有一頭牛，在從都城出發的長時間旅行中，不屈不撓地守護生了重病的皇女；到了現代，祂從遠離都城的水池守護都市裡的人們免於洪災。

造池天才行基法師、罕病小公主和一頭牛

高層大樓林立的千葉新市鎮的東邊，有一座公園，名字很有魅惑力——松蟲姬公園，這裡面，又有一座有著不可思議名字的水池，牛潛之池。都市裡的洪水調節池，多的是無機質的名字，相較之下牛潛之池顯得相當奇特。

松蟲姬是因奈良東大寺大佛而聞名的聖武天皇的皇女。藥師如來佛來到病中的松蟲姬枕邊，在夢中告訴她「到下總國找我吧」。行基法師接下了帶隊工作。不只在藥師如來佛的引導下開發了日本各地的名溫泉地，他也是統籌製作奈良大佛和日本第一座水庫的大人物。

松蟲姬坐上了牛背，和行基法師一起踏上了尋找藥師如來的旅程。被山賊偷襲的時候，牛兒奮不顧身挺身救了皇女，越過重重困難，在下總之地發現了靜靜地被祭祀的藥師如來像。皇女的病好了，爲了表示謝意，傳授當地人養蠶技巧等京都文化以後回到京城。被留下來的是奶媽和老牛。忠義的牛兒想念公主，終日悲嘆，最後投池自殺了。

雖然是奈良時代的事了，但原來應該是天然池沼。造新市鎮的時候，這裡沒有被填平，被賦予了挽救洪災的都市調節池的功能，周邊作爲公園，是居民的休憩場所。

池子被住宅地包圍，位在磨缽狀凹地的底端。保持著低水位，爲了確保洪水之際，能承受從水泥森林一下子流灌進來的大水。

守護公主的牛兒所沉睡的池子，現在在保有公主名字的公園裡，保護著現代的城鎮。

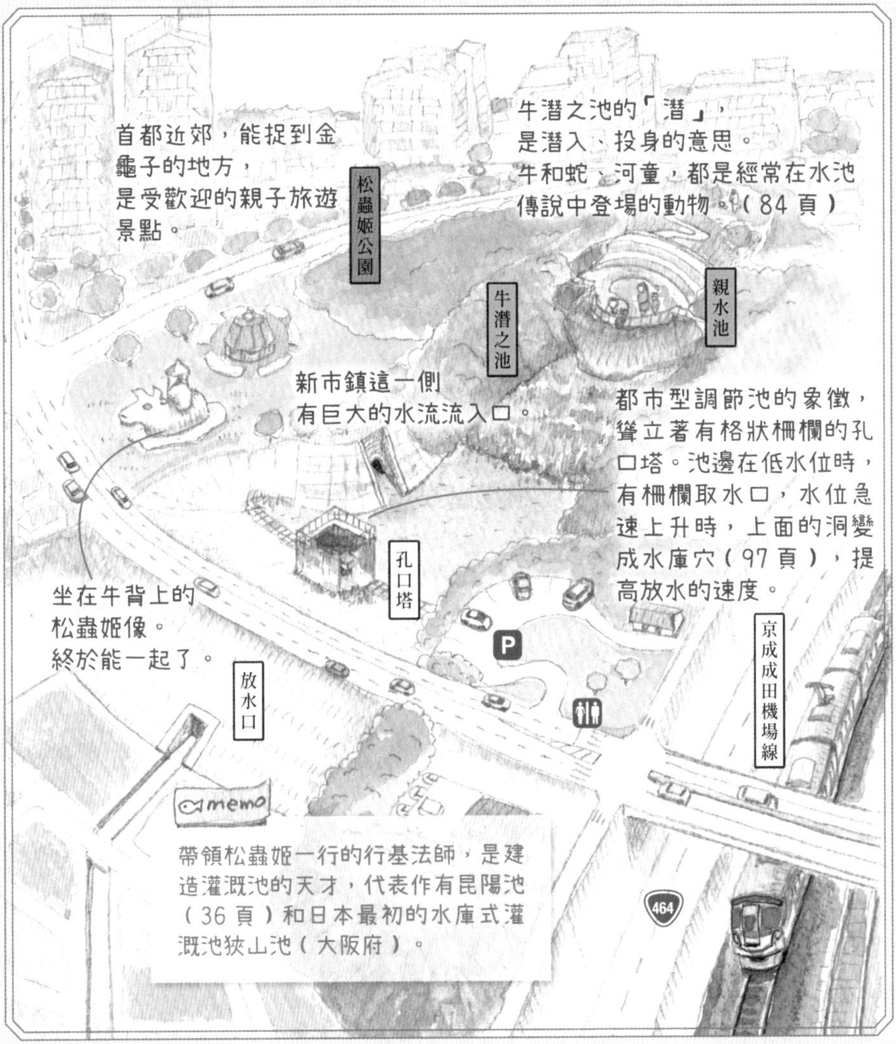
首都近郊，能捉到金龜子的地方，
是受歡迎的親子旅遊景點。
松蟲姬公園
牛潛之池的「潛」，
是潛入、投身的意思。
牛和蛇、河童，都是經常在水池傳說中登場的動物。（84頁）
牛潛之池
親水池
新市鎮這一側
有巨大的水流流入口。
都市型調節池的象徵，聳立著有格狀柵欄的孔口塔。池邊在低水位時，有柵欄取水口，水位急速上升時，上面的洞變成水庫穴（97頁），提高放水的速度。
孔口塔
坐在牛背上的
松蟲姬像。
終於能一起了。
放水口
京成成田機場線
memo
帶領松蟲姬一行的行基法師，是建造灌溉池的天才，代表作有昆陽池（36頁）和日本最初的水庫式灌溉池狹山池（大阪府）。
464

印旛日本醫大站
松蟲姬公園
牛潛之池

牛潛之池

- ◆ 所在地／千葉縣印西市舞姬
- ◆ 電車／從北總線．京成電鐵成田空港線的印旛日本醫大站出發約 1km。

根據日本國土地理院標準地圖製作

逛逛 町池

所有的町池，原本不一定在城鎮之中。很多是因爲池子周邊形成了住宅地，後來自然就變成了町池。作爲農業用的灌溉池等等，得到町池的新生命重新活躍，守望著人類的生活。

天然池（沼澤）

阿玉之池

東京都千代田區岩本町

在首都高速公路、地下鐵也交織其中的東京都心的交通要衝處，佔地狹窄。從大馬路往內走，只消進入一條小巷、大樓的狹縫間，就得到了瞬間的安靜。多用途大樓的境內一角，有間小小的神社，大概是套房廁所般大小的池子裡，金魚在裡面游泳。這裡曾經存在過跟不忍池差不多大的池子，知道的人不知道有多少呢。江戶初期是櫻花名所，也有過茶屋，還是苦戀傳說的水池，但被填平以後，在江戶後期的古地圖裡，池子的身影就消失了。

根據國土地理院標準地圖製作

天然池（火口湖）

血之池地獄

大分縣別府市野田

日本響噹噹的溫泉地，說到別府的觀光重心路線，就是「地獄巡禮」了。周遊被命名爲「〇〇地獄」的溫泉地，裡面的海地獄、白池地獄、龍捲地獄、血之池地獄還被指定爲國家名勝。最受歡迎的血之池地獄，因爲富含氧化鐵的熱泥漿，看起來像是被染紅了一樣。紅色的水面和兩旁茂盛的綠意配成紅綠聖誕色，照片拍起來很有戲，最近也很多年輕人來。

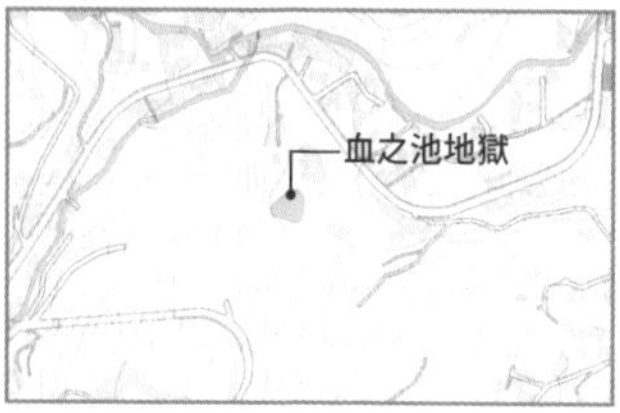

根據國土地理院標準地圖製作

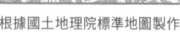

人工池（灌溉池）

貓之洞池

愛知縣名古屋市千種區平和公園

貓之洞池位於名古屋市的平和公園。池子的流入側，像是在原生山林裡面，滿滿野生感。但是，再往一步，進到堤側步道的話，就是閒適的都市公園和設有親水護岸的釣魚場了。這種雙面性也是這個池的魅力，最吸引人的，還是滿水時讓水可以溢出的「水庫穴」了。都市地區轉化爲公園的水池，能看到水庫穴的，全日本沒別的例子了。大雨後，應該可以讓我們看到充滿魄力的一面吧。

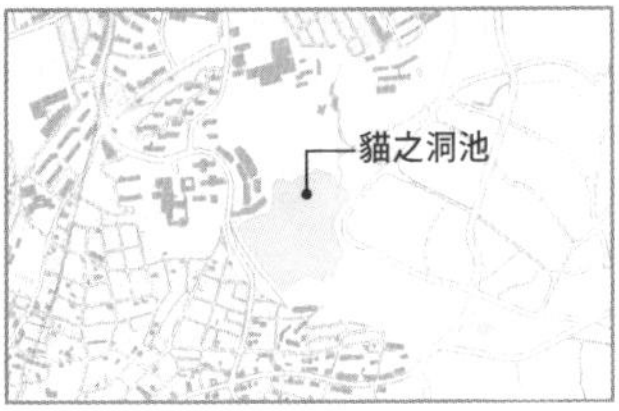

根據國土地理院標準地圖製作

人工池（沉澱池）

和佐保堆積場

岐阜縣飛驒市神岡町和佐保

「堆積場」這個特殊名字的池子，位於宇宙科學領域大名鼎鼎的「超級神岡探測器」的神岡町。原本是很有歷史的礦山城。看到「堆積場」這個不像池子的名字，大概也能知道，看起來像是谷池型態的蓄水池，不過其實另有目的。是爲了從礦山排出來的水中，分離、沉澱出有害物質。沉澱池或是礦滓水庫、礦渣堆等名字，在全國的礦山裡都可以看到。

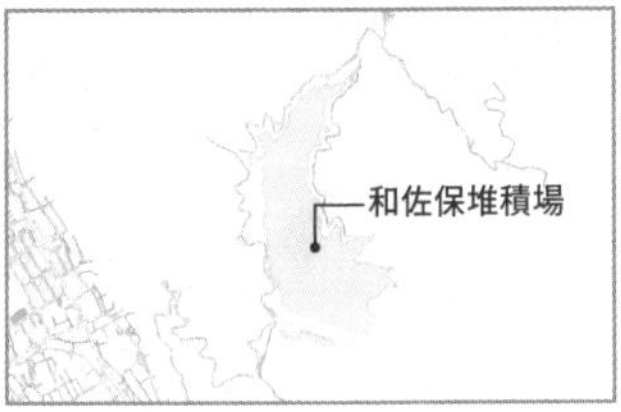

根據國土地理院標準地圖製作

人工池（調節池）

瓦谷池

和歌山縣岩出市櫻台

原來是灌溉池，隨著時代變遷，現在被新市鎮包圍，被賦予了具備了城壁般的水泥牆和孔口塔（165頁）的都市調節池功能。而且老店的釣池管理業者，得到了池內池面利用權，所以設計了釣魚棧橋，作爲付費的釣鯉場，還加上了親水功能。東邊的口之池、中之池、奧之池等從前的3層池因爲住宅地擴張而消失了，池子的生存競爭也很嚴峻。

根據國土地理院標準地圖製作

人工池（灌漑池）

山田池

三重縣鈴鹿市稻生町

也舉辦F1賽車的鈴鹿環狀道路的看點，世界頂級選手都苦惱的「S字角」，位在3層的農業灌漑池三田池的岸邊。已逝的本田宗一郎在環狀賽道的建設時，認爲不應該犧牲當地農業重要的田地和灌漑池，所以催生出這奇蹟型的名賽道。賽道啓用後，池子也供給農業用水，不過本田去世後，中池被塡平了。

根據國土地理院標準地圖製作

天然池（沼池）

眞菰池

千葉縣松戶市主水新田

眞菰池就位千川戶堤防的旁邊。堤防上方，騎自行車的人和帶狗散步的人交錯其中。成爲東京的衛星市鎭，演化爲住宅區以前，廣大的低溼地區點綴了無數的沼池。現在那些沼池大部分都被塡平了，但從眞菰池還能遙想從前的風貌。釣場的棧橋和停車場都完備，不論任何季節，都有釣客在此垂釣。

根據國土地理院標準地圖製作

人工池（調節池）

大田切池

東京都町田市小山之丘

池子裡的小山內裡公園，在町田市西方，與八王子市接壤，是位於大田川源流的都市公園。川岸的杉樹原來的源流是湧水，昭和60年左右隨著住宅地的開發進行，建造了調節池，而變成今日的枯景。池名的意思是「大田川切斷之處的山谷」。作爲野生動物保護區，有多樣的動植物，錦鯉、野鯉悠游其中。對重視功能性的池子，偶然地也加上了一點刺激。

根據國土地理院標準地圖製作

須津湖

天然池（潟湖）

靜岡縣富士市中里

一台車很勉強才能開進去的小巷深處，護欄圍住的狹窄死路裡，半圓形的小池塘在此現身。實際上，須津湖是包括富士五湖的富士八海的八巡禮地之一。說是湖，其實是底部用了水泥全面加固的防火用水池。這一帶從前被稱爲浮島之原，廣大的溼地地帶，因爲排水事業，城鎮完全改頭換面，從前的信仰聖地只剩下名字。

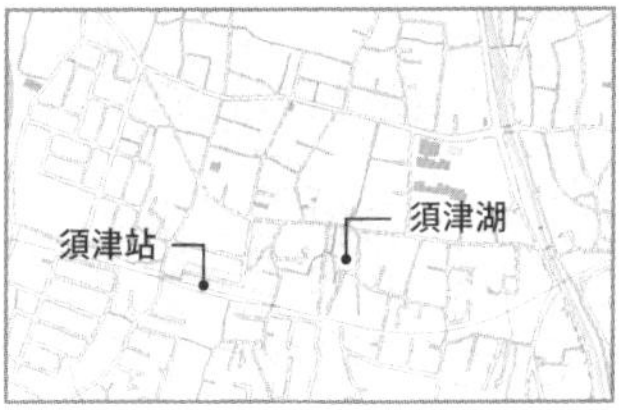

根據國土地理院標準地圖製作

在家堤

人工池（灌溉池）

青森縣八戶市田面木上田面木

江戶時代已整治的皿池形態的灌溉池，現在農用功能已經結束，在八戶市街地的幹線國道旁過著熱鬧的餘生。走過紅色太鼓橋，中之島設了會噴水的龍像。這裡並未因爲周邊的住宅化而被填平，雖然頗受重視，但水質惡化仍然是重大課題。對應方法是放流培養的微生物等持續努力中，因當地地名，也被稱爲「田面木堤」。

根據國土地理院標準地圖製作

草津溫泉湯畑

人工池（湯畑）

群馬縣吾妻郡草津町草津

全國有名的草津溫泉裡的這座池子，位於溫泉街中心，被旅館和土產店包圍，也是草津的地標。每分鐘湧出4000公升溫泉的池子，水蒸氣氤氳湧出的湯色是綠色的，岸邊的岩石也附著溫泉成分，像是長了青苔。池子邊排列著的木水管等設備，也有很多可看之處。湯畑是爲了調節溫泉泉源溫度和收穫湯花的池子。的確很適合「畑」（田）這個字。

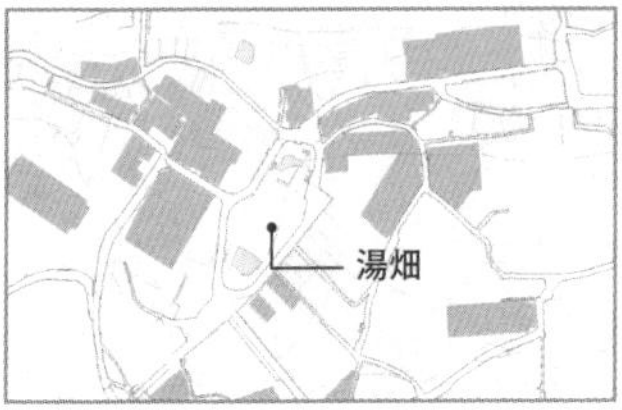

根據國土地理院標準地圖製作

想像從前淺草的池子就很有趣！再現消逝的池泊

我家裡收藏了一張「東京一目新圖」的古地圖。1897（明治 30）年的東京中心部位，用鳥瞰圖的方法描寫的珍奇地圖。比對 120 年前和現在的地圖，眞是好玩極了，看著看著都會忘記時間流逝。

如果看現在也很多人拜訪的上野不忍池的話，池子的外圍是賽馬場（127 頁）。

視線由上野移到右邊的話，淺草寺的西側有一座不太熟悉的高塔。那是關東大地震時崩落的淺草十二階。周圍是演劇場林立的淺草六區。此地區於當時是日本第一的繁華街。

淺草十二階的下方，畫家畫了瓢簞池。這個池子所在之處，現在已經完全變了樣，現在是場外馬劵場和複合大樓林立之處。在大樓的下方，散步探尋現在已經消逝的池泊痕跡，也十分有趣。

過去瓢簞池所在地的周邊，現在是場外馬劵場和複合大樓。

第八章

寺社池散步

寺社池是懸疑和傳說的寶庫

信仰心和水是密不可分，
寺院和神社，必定有池。
因位居超越人類智性的場所，
這些池子
多半擁有超自然的逸事。
希望你也一起沉浸在
遠離俗世的寺社池的魅力裡。

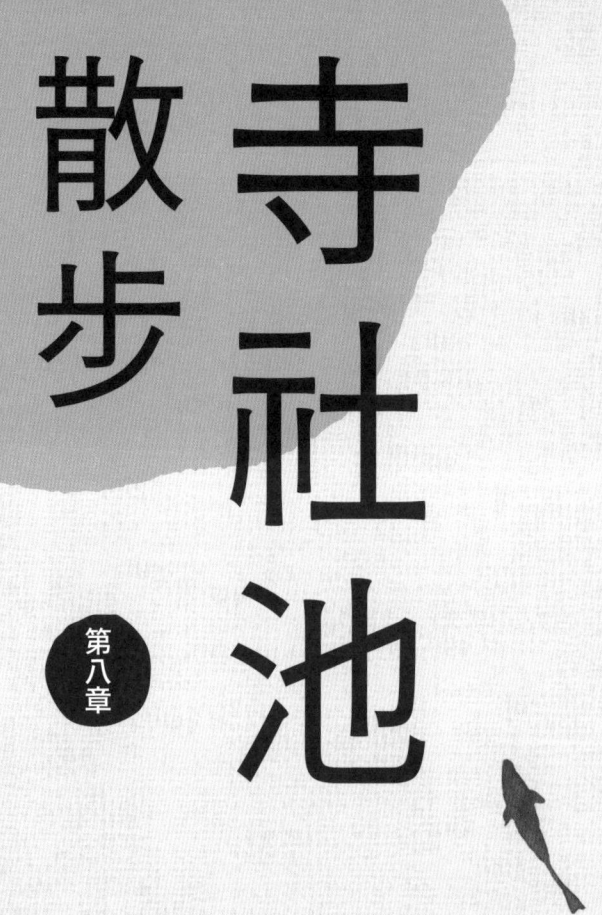

龍王池

池子本身就是御神體，紀元前的神話已出現它的名字

岡山縣岡山市北區

龍王池是龍泉寺的御神體。傳說有八大龍王棲居其中。包圍池子的山林和溼地，全都被納入寺院境內，池子下方還存在了瀑布修行的靈場。夏日祭典時，2座神轎會衝進瀑布。

龍王山
在神話中，據說從這座山山頂上會流出水。
八大龍王大寶塔
上鯉岩溼地
溼地中也自生著日本鷺草。
放生祭的時候，從這裡放生鯉魚。
鯉岩溼地
上千棵的紅葉。
紅葉谷溼地
長池
memo

境內有御神體龍王池，池子周邊的山、谷、溼地等，色彩繽紛。境內步道達2公里。自從發生了衝擊全世界的巴黎聖母院大火，日本的寺廟神社也重新檢討防火對策，龍泉寺因為有防火用水池功能的龍王池，比較安心。除了龍王池，也有蜻蜓池和長池的雙層池。2池中間，有蜻蜓池溼地，其他還有鯉岩溼地、日本鷺草溼地、紅葉谷溼地等溼地。

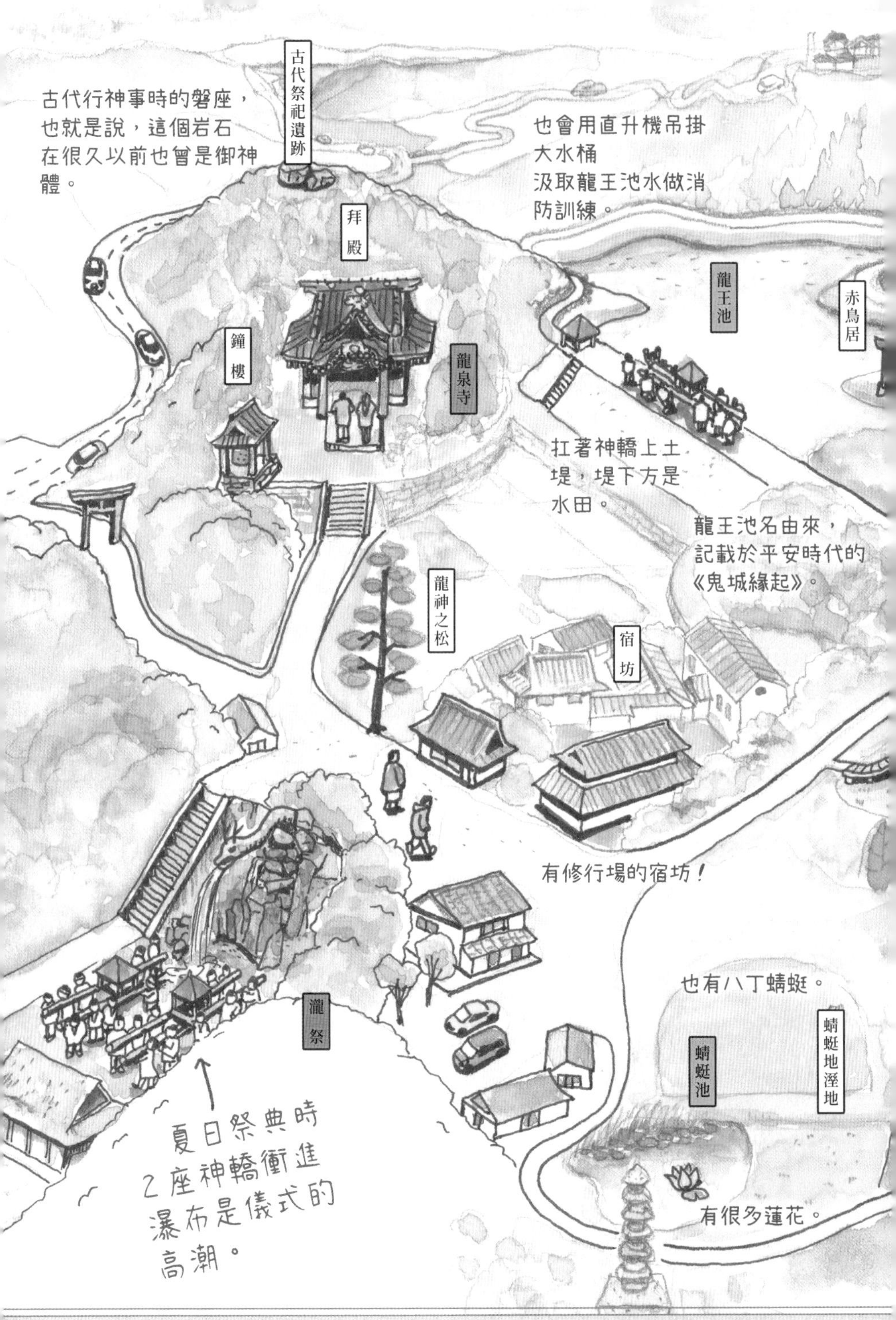
古代祭祀遺跡
古代行神事時的磐座，
也就是說，這個岩石
在很久以前也曾是御神
體。
也會用直升機吊掛
大水桶
汲取龍王池水做消
防訓練。
拜殿
龍王池
赤鳥居
鐘樓
龍泉寺
扛著神轎上土
堤，堤下方是
水田。
龍王池名由來，
記載於平安時代的
《鬼城緣起》。
龍神之松
宿坊
有修行場的宿坊！
也有八丁蜻蜓。
瀧祭
蜻蜓池
蜻蜓地溼地
夏日祭典時
2座神轎衝進
瀑布是儀式的
高潮。
有很多蓮花。

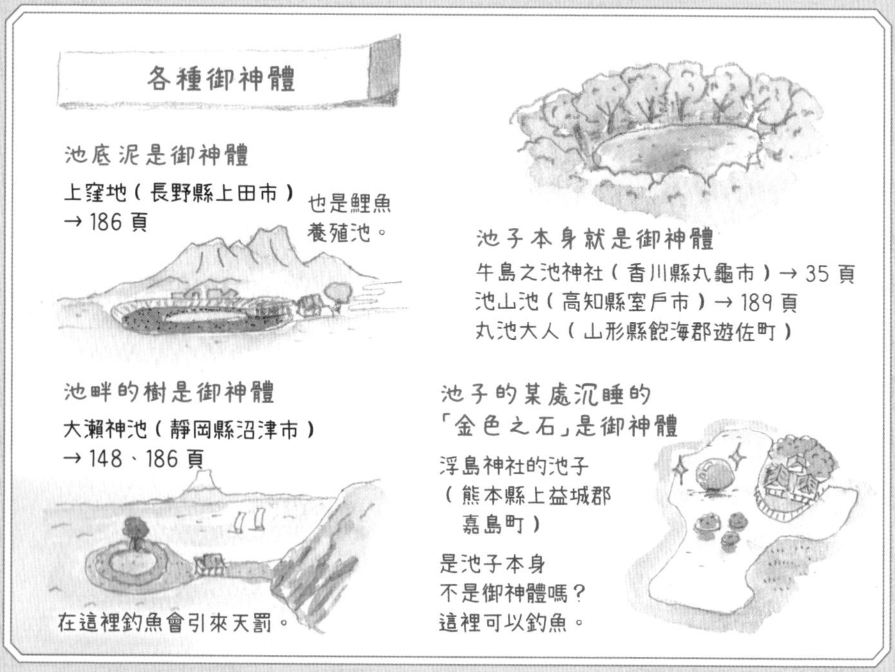
各種御神體
池底泥是御神體
上窪地（長野縣上田市）
→186頁
也是鯉魚
養殖池。
池子本身就是御神體
牛島之池神社（香川縣丸龜市）→35頁
池山池（高知縣室戶市）→189頁
丸池大人（山形縣飽海郡遊佐町）
池畔的樹是御神體
大瀨神池（靜岡縣沼津市）
→148、186頁
在這裡釣魚會引來天罰。
池子的某處沉睡的
「金色之石」是御神體
浮島神社的池子
（熊本縣上益城郡
嘉島町）
是池子本身
不是御神體嗎？
這裡可以釣魚。

相當罕見的例子？御神體是人工灌溉池

日本古來就有在自然萬物中看出神的泛神信仰。山是其中最常見的，像是把奇岩和巨岩看作御神體的「磐座」。

雖然常看到古老的池塘奉祀水神的光景，不過大部分是祭祀池子的守護神或是弁財天，將池子本身作爲御神體的，是非常少見的情況。

作爲御神體擁有神居其中的神祕性，從遠古時代開始，在當地被崇敬的池子，一般是天然池較有優勢。「池＝神」，所以捕魚或傷及生命的事，當然是禁忌。

在這種信仰脈絡下，人工灌溉池成爲信仰的御神體是很少見的。在岡山市街旁的山中，廣布佛教伽藍的龍泉寺和龍王池就是這種罕見的例子。

紀元前的神話時代，爲了帶來恩惠之水，樂樂森舍人以神通力穿鑿山林，讓水得以湧出，這個池子的誕生故事和土地守護神八大龍王化身棲息的池名根源，都記載在平安時代的書籍《鬼城緣起》中。所以，龍王池已經超越了傳說層次，而是神話層級的池子了。

聽說龍王池原本是散在龍王山中麓的池沼群，江戶時代，被改造爲農業用的灌溉池，建造了堰體和取水管。明治時代在寺院的日護聖人號令下，增加

7月的瀧祭時，神轎會穿過紅色鳥居。
這天，也有放生神事，將鯉魚一尾一尾
地放進池子裡。
八大龍王是掌管水的神明，
也是乞雨的神明。
4月的八大龍王祭時，會朝向御神體的龍王池
奉獻和大鼓的演奏。池子看起來也很高興。

龍王池
卍
龍泉寺

龍王池

- ◆ 所在地／岡山市北區下足守
- ◆ 電車／從 JR 西日本吉備線的備中高松站出發約 7km。
- ◆ 開車／從岡山自動車道的岡山總社 IC 出發約 6km。
- ◆ 飛機／從岡山桃太郎機場出發約 8km。

根據日本國土地理院標準地圖製作

池子蓄水量，進行了加高工程，現在是厲害的灌溉池了。

藉著舉行神事取悅神明之池

堤防的下方也有水田，但這終究是龍泉寺的境內。旁邊也有宿坊。再往下走，還有從龍嘴吐出的瀑布的修練場，是修行者的水垢離場所。

7月的瀧祭，2座神轎會走過龍王池上方的堤防，祭典的高潮則是抬神轎「進瀑布」的光景，參拜者都會爲之沸騰。

究極能量場？擁有神之名的池子

明神池

山口縣萩市

散在日本全國的「明神池」，除了明神以外，還有八審、弁天、稻荷等，很多冠上神佛系名字的池子。

混生了海水魚和淡水魚長門之國的七大不可思議

擁有30公尺口徑的噴火口，位於突出在日本海的細沙洲的前端。火山入口、萩市的明神池鎮座於此。池岸一部分是石階梯，直對著鳥居。

明神池也被指定爲國家天然紀念物，由大池、小池、奧之小池3個通水的池子所組成，池子整體被納進了嚴島神社的神域。

由池底岩盤的縫隙，和外海相通，因應潮汐，水位有所變化。因此，池水也有鹽分，海水魚和淡水魚混生其中，棲息的魚種從眞鯛、比目魚等高級魚到鯉魚、青鱂等淡水魚多種魚類。

我在這裡實際上看到棲息在海邊荒磯的石鯛和黑毛的悠然泳姿，也不禁一驚。對魚群而言，這裡也許像是我們去參拜伊勢的神道也不一定。我眼前浮現了到了晚上魚群登上石階前往參拜的模樣。

日本各地存在的擁有神佛系名稱的池子

「明神池」這個名字，存在於日本全國。，包括「大明神池」、「神池」，我所知的就有15座。

順道一提「明神池」在岐阜縣，是防災水庫的名字，但只有一例。因爲本來以爲有更多的，所以有點意外。

其他像是八幡、弁天、地藏、觀音、稻荷等，是有名的地方。佛寺神社境內，也有放生活魚或是行供養不殺生的「放生池」。

饒有興味的是，奈良大佛的東大寺、香川的金刀比羅宮等大佛寺神社裡，都有名字裡有「鏡」的池子。

這些池子裡，數量最多

笠山已經整理成開車都能上去的登山道了，
山頂有免費停車場和展望台，
展望台能一覽響灘和萩市街道。
已經變成園地了。
蝦池
笠山
免費
洗手間
小賣店
虎之崎
トイレ
海拔 110m
明神池以外，還
有蝦池、笠山
四十八池等，也
可以走步道環遊
池子。
山茶花的群生林。
步道
咚！
（花掉落）
笠山四十八池
老實說，我不太
清楚在哪裡。
明神池
這裡也有
池子。
長門的七不思議
明神池
明明是水池，竟然
有鯛魚和河豚等高
級海魚在其中游泳。
竟然連石鯛都有！
收費
明神池，
是由大池、小池、
奧之小池的三個通
水的也子組成，別
名御茶池。
收費
191
多池的笠山，位於四周環海的細
長沙洲上和本島相連，感覺像是
縮小的九州的櫻島，地形上也很
有魅力。
萩市街道

的，就是弁天系了吧。不是正式名，有些是通稱，祭祀弁財天的島也不少。

保祐人們帶來現世利益的弁天大人，和冠了寺社名字第一名的八幡大人的水池，總讓人覺得容易親近。另一方面，「明神」因爲名字裡就有「神」，池子周遭的空氣，感覺上望之凜然難以親近。這種名字的池子，在全國各處都是個性強烈的水池。

位於奈良山中的明神池，位置像是會從台地邊緣掉下來的土地。砍倒池邊的樹木，招致豐臣家沒落的危機，當地流傳著這樣的浮木大人傳說，風格也很強烈。

靜岡縣沼津海岸旁的明神池，地形很有特色。在

奈良縣吉野郡下北山村的明神池

池子本身就有七大不可思議。
光看地形也會知道明明沒有明確流入的河川，卻從未乾涸。
不只是故事，到了昭和平成的時代，還是有作祟的事件、不可思議的現象，還有人說目擊到浮木大人。

夾在海跟山中間，像是貓額頭般的小小地方很神奇。
羅漢魚、銀鮒、草魚、鰻魚、極樂吻鰕虎等棲息於其中。
池大明神
谷地坊主
春
夏
秋
岸邊排列著谷地坊主。
冬天的樣子有點恐怖。
早開的河津櫻。
從池子稍往前走，水田旁邊有一座神社，也叫做「池大明神」。

靜岡縣沼津市的明神池

駿河灣上的絕壁圍繞中、如貓額頭般的狹小土地上，只隔著大海和防風林的淡水池，真是太神祕了。

信州的上高地，連綿的險峻岩塊，是古來就被崇敬的靈山，眼前是穗高的大伽藍，宛如諸神的舞蹈場般，明神池被配置其中。如果知道上高地（kamikouchi）的名字是從「神河內」（kamikawachi）而來，那麼就能看出這裡和觀光稍微不同的樣貌吧。

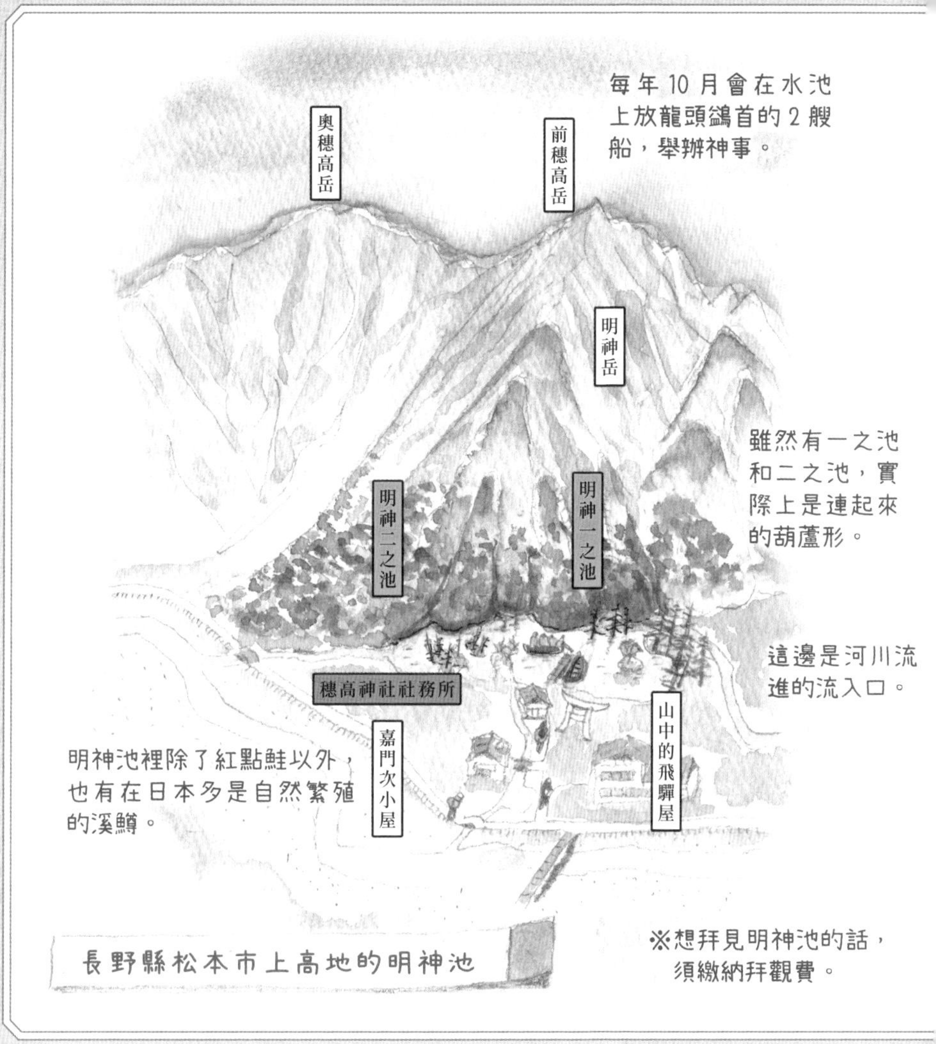
每年10月會在水池上放龍頭鷁首的2艘船，舉辦神事。
奧穗高岳
前穗高岳
明神岳
雖然有一之池和二之池，實際上是連起來的葫蘆形。
明神二之池
明神一之池
這邊是河川流進的流入口。
穗高神社社務所
山中的飛驒屋
嘉門次小屋
明神池裡除了紅點鮭以外，也有在日本多是自然繁殖的溪鱒。
長野縣松本市上高地的明神池
※想拜見明神池的話，須繳納拜觀費。

明神池
笠山
荻漁港

明神池

- 所在地／山口縣萩市椿東
- 電車／從 JR 西日本山陰本線的越之濱站出發約 2km，萩站約 9km。
- 開車／從山陰自動車道的萩 IC 出發約 8.5km。

根據日本國土地理院標準地圖製作

寺社池 三九

峰之小沼

平安時代，在現世映照出極樂世界的靈池

秋田縣大仙市

知道這個不可思議的山頂池的存在，契機是江戶時代旅行家的鳥瞰圖。本殿的正面，只有水池，奇妙的格局充滿謎團。

小瀧山
1098m
小瀧川
小瀧水庫
鳥越瀑布
P

白岩岳
1177m
中之島和拱橋，是用
手繪圖妄想再現平安
時代的狀態。
現在已經不存在了。
小沼神社
小沼山
社殿中奉納了平安時代造的
「十一面觀音菩薩立像」和
「聖觀音菩薩立像」2 尊佛
像。都是縣文化財。每年 8
月 20 日會舉辦例大祭。
峰之小沼
池裡的鮒魚被視為神
明使者，
禁止捕捉和食用。
登上 300m 險坡的道路。
從前的人相信死者也會
攀登這條山路。
2 尊仁王像，
是平成時代重建的。
仁王門
memo
江戶時代的旅行作家菅江
真澄，用參道入口、小沼
山全體、小沼的 3 張鳥瞰
圖表現了小沼神社全貌。
小沼聚落

匯聚土地信仰——奈良時代開始的靈池

我會知道這座不可思議的靈池的存在，是因爲在東北和北海道旅行時，讀到江戶時代紀行作家菅江眞澄的作品，他留下了很多鳥瞰圖，不只是同時代、也激起了後世人們的旅情。

圖上看起來是茅草修葺的社殿，前方湛滿水的圓形池塘。在杉樹包圍下，本來應該是神社境內的地方，卻是一座池子。蕩漾著靈氣、不可思議的地方，目前也還健在。

以黑牆的武家屋敷和櫻花聞名的角館郊外，海拔260公尺高、袖珍的小沼山正位在聚落的跟前。民宅旁邊如果沒有鳥居和解說牌的話，大概不會知道這就是通往小沼的入口。稍往上爬，會看到山門，2尊豪壯的仁王像瞪視著人們。

前方往右，一邊俯瞰深谷，連結著陡斜的山道。有時候道路都被草遮住了，再走300公尺就到山頂。被像衛兵般擺著圓形陣式的杉樹團團包圍的窪地上，水面映滿樹間光影的反射。

奈良時代的人相信死者會出現在池中，平安時代在池岸設本殿，有2座拱橋和中之島，呈現出淨土式庭園的樣式。

後來在鎌倉時代成爲眞言宗系的佛教寺院，數百年後，在1868（明治元）年，新政府發了全國的神佛分離令，這裡讓佛像到附近的雲巖寺避難，改爲小沼神社。然後因爲合祀，名字又變了幾回，貴重的佛像也回到寺內，小沼神社之名再度復活。可說是經驗了好幾次日本宗教改革的浪潮。

小沼山的山頂下凹成馬蹄形，社殿朝向的南側有開口，西邊的彎曲處爲深谷地帶，經過防砂堰堤，往聚落而下。雖然池沼的水源是湧泉水，不過在這種地理環境，能夠維持水池水量上千年，只能說是奇蹟了。

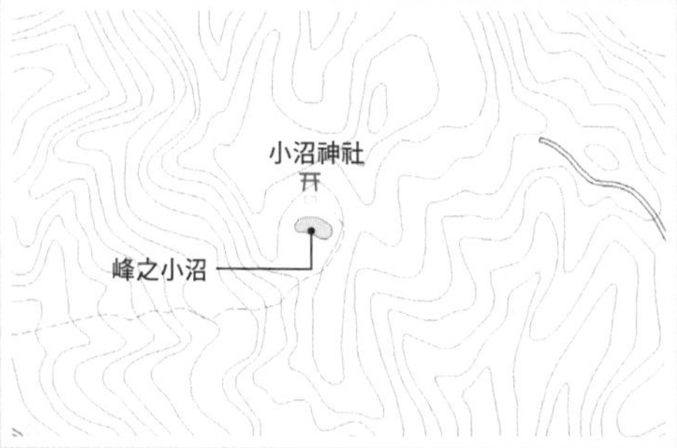

峰之小沼

◆ 所在地／秋田縣大仙市豐岡十二
◆ 電車／從 JR 東日本田澤湖線、秋田新幹線、秋田內陸縱貫鐵道秋田內陸線的角館站出發約 8km，從 JR 東日本田澤湖線鶯野站約 7km，從生田站約 7km。
◆ 開車／從秋田自動車道大曲 IC 約 30km。

根據日本國土地理院標準地圖製作

寺社池 四十

赤木柳和稻草人迎接的高知縣深山聚落

男池與女池

高知縣香美市

神道、佛教和陰陽道混合的獨特民間信仰所守護的神池聚落。深山的村子裡躺了一座不可思議的怪池，多年來流傳著大蛇的故事。

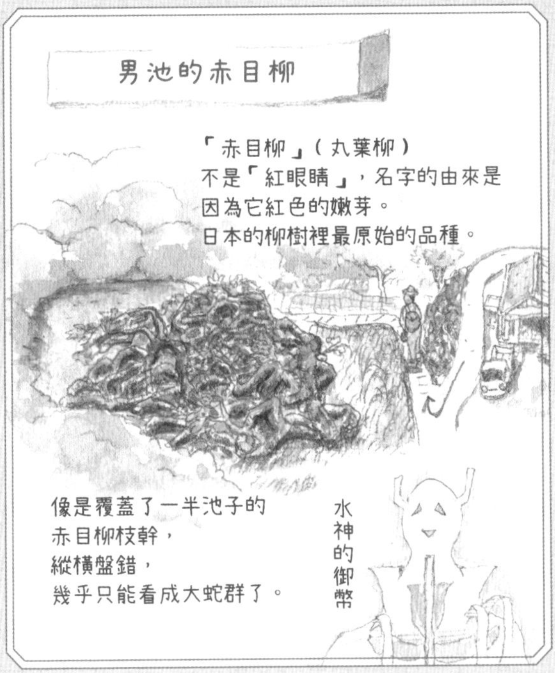
男池的赤目柳
「赤目柳」（丸葉柳）
不是「紅眼睛」，名字的由來是
因為它紅色的嫩芽。
日本的柳樹裡最原始的品種。
像是覆蓋了一半池子的
赤目柳枝幹，
縱橫盤錯，
幾乎只能看成大蛇群了。
水神的御幣

被隔絕者的聚落 來者不拒的水池

渡過奧物部湖上方的小小吊橋，一台車勉強可過的寬度，橋桁鋪的只是鐵板，看起來很簡單。帶著點驚悚感往對岸走，感覺像是一腳踩進了異境。前方，經過陡急的山路，大倉山的後方，是傳承了陰陽道流派，獨自守護古來信仰的神池聚落。

在聚落入口的T字路轉彎，最初迎接我的是女池。密密長滿了水生植物，被樹林包圍的溼地的樣子，卻有種開放感。從水面可以看到像是木製水管般的東西，應該是古老的取水設備吧。從前可能是作為水源使用的，從現在的狀態看來，大概已經退休了。看起來池子好像正在度過安穩的餘生，不過這裡有女蛇傳說，可不能大意。

池岸邊有手作的木造休

憩所，空瓶工藝的風車隨風搖動。柱子上寫著「神池的奉茶，請自由取用」眞是親切。附近的大日寺，聳立了一棵樹齡800年的老杉樹。

走過女池旁邊，在下一個T字路迎接旅客的是眞人的行列嗎？……才這麼想，實際上卻是很像人類的稻草人。

每一次祭典，只用和紙和小刀割出「御幣」等神靈憑附之物，是這種聚落才做得出的細緻工藝吧。又強力又纖細的御幣的切割方式，據說高達500種。

「男池大柳100m」的牌子。
看板
男池
棚田的灌溉池
聚落本身叫「神池地區」。
神池的大日寺
赤木柳，
樹齡500年，
樹圍2.82m，
高14m。
赤木柳。
像大蛇一樣。
解說牌
像真人般的稻草人在此迎接。
大日寺的大杉樹
樹齡800年。
女池
女池
設有休憩處。
memo

位於水庫湖右岸側的山谷間，海拔400公尺左右的聚落。這是日本唯一、或說唯二的聚落，流傳著一種被稱為「伊邪那岐流」的民間信仰，還有平家殘黨的流離傳說。在「伊邪那岐流」，用紙做的「御幣」會在神事祭典中用來作為神靈附身的物品。種類超過500種。

覆在池上的樹根像是痛苦的大蛇

說到男池、女池，好像是並排的2個池子，不過女池在聚落入口迎接來客，男池在相反方向的山坡斜面裡沉潛。因爲會誤以爲在民宅的院子前面，一開始很困惑。水池裡供奉著赤目柳的大樹，根部就像大蛇爬行般盤根錯節。

男池也有關於大蛇的傳說（84頁）。大膽的工匠帶著小刀，進池子裡游泳想尋找大蛇，卻沒達成目的，於是把燒熱的大金錘放到池子裡，趕走了大蛇。雖然故事裡沒出現美女，但是這種不由分說的豪氣感，確實很有土佐風。

看著稻草人和手造休憩所，不禁看得呆了，於是想，深山裡持守著獨特民間信仰的聚落，看似閉塞，然而，神池聚落的池子，又散發出來者不拒的氣息。這種落差，也就是這池子的魅力了吧。

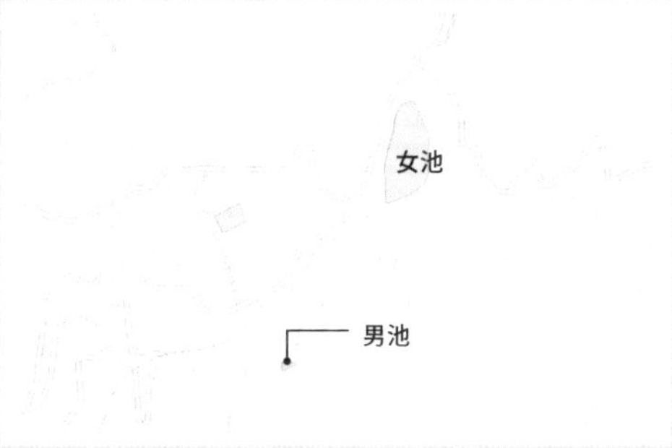

根據日本國土地理院標準地圖製作

男池和女池

- ◆ 所在地／高知縣香美市物部町神池
- ◆ 電車／從 JR 四國土讚線的土佐山田站出發約 30km。
- ◆ 開車／從高知龍馬機場出發約 40km。

逛逛

寺社池

因爲位於
諸神佛降臨的空間，
很多寺社池
有不可思議的故事，
有超越人類智慧的力量。
裡面還有殺生就會被詛咒的池子。
池子本身就是御神體的也不少。

天然池

大瀨神池

靜岡縣沼津市西浦江梨

「會死，或是精神異常」，池邊的看板上，寫了如果傷害魚類會降下的天罰。駿河灣的浪打過來的海岸，海拔僅僅1公尺，但未被海水侵入，長久以來保持淡水的狀態，棲息著鯉魚和鯰魚等淡水魚。周圍只有海，池子的水源也是謎題，是伊豆七大不可思議之一。大瀨神社是保祐海上安全的神明，有奉納紅色遮襠布的奇怪習俗。

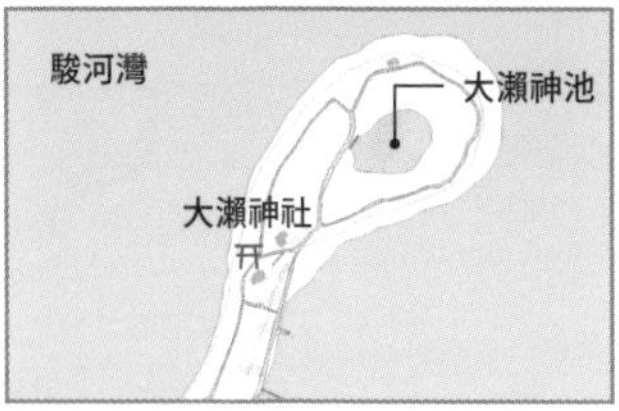

根據國土地理院標準地圖製作

人工池（灌溉池）

上窪池

長野縣上田市本鄉

上窪池從前也被稱爲泥池。池邊的神社御神體，竟然是池子裡的「泥」。依照一般邏輯，淤泥是灌溉池的天敵。把泥當作御神體，是爲了要感激重勞動浚泥工作的智慧嗎？不靠海的長野和山形縣，可以看到在農閒期捕捉灌溉池裡養的鯉魚的食用文化。上窪池也被選入「灌溉池百選」，同樣被選入的鹽田平灌溉池中，有最早養殖「鹽田鯉」的先驅的池塘。

根據國土地理院標準地圖製作

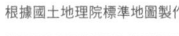

賢沼

天然池（沼澤）

神島縣磐城市平沼之內新街

海岸附近被鬱鬱蒼蒼的樹林圍繞的水池。池邊的賢沼寺，名字裡有池沼。大鰻魚在此棲息，是「賢沼鰻生息地」，被指定爲國家天然紀念物。鰻魚就不必說了，連魚、鳥的殺生都被禁止。聽說無底、不枯竭，實際上最大水深5公尺左右。以湖周長500公尺規模的「沼澤」來說，水是比較深的吧。高度經濟成長期以後，透明度變低，也施行了讓閉塞的流出河川復原等工程。

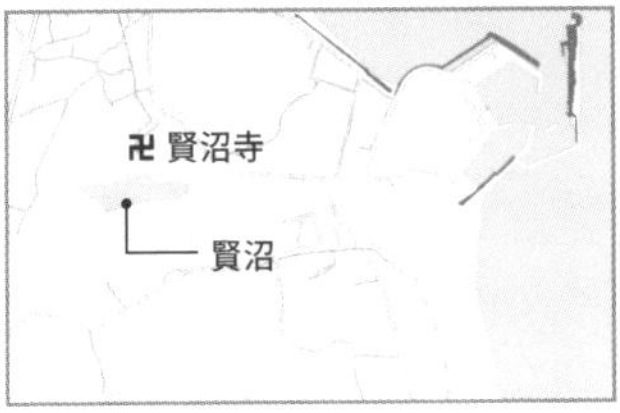

根據國土地理院標準地圖製作

三島池

人工池（灌溉池）

滋賀縣米原市池下

三島池以伊吹山爲背景，上面有大燈籠，島上景觀十分有個性。原本是農業用的灌溉池，也被選入了「灌溉池百景」。池邊有三島神社，鳥居下方的石階梯，會消失在池中，飄散著神域之池的緊張感。是神明使用的階梯嗎？另一方面，這類神池，對野鳥和魚類而言，是最安全的場所，也成爲冬日候鳥綠頭鴨自然繁殖的南限的池子。所以，也被指定爲縣的天然紀念物。

根據國土地理院標準地圖製作

櫻之池

天然池（砂丘堰塞湖）

靜岡縣御前崎市佐倉

在俯瞰濱岡核電廠的丘陵地上，像是背負著原生林形態，往南開放的池水。起源極古，是2萬年前砂丘堰塞形成的。池端有池宮神社，岸邊建了祭祀龍神的神祠。池中的龍神，是法然的師父皇円阿闍梨發願救濟衆生，入定化身的存在。法然，爲了已成爲龍神的師父，在池子裡放了裝了紅豆飯的米桶，後來年年舉辦奉納米桶的儀式，已經被列入遠州七大不思議的珍稀祭典。

根據國土地理院標準地圖製作

人工池（湧水池）

大德寺的「御池」

宮城縣登米市津山町横山本町

大德寺境內有3池：棚池、心池、御池。「御池」水源是湧水，是湖周長80公尺左右的清澄水池。珠星三塊魚生息其中，這地區相信珠星三塊魚是不動尊的使者。池子與河川相通，5至6月的產卵期一到，珠星三塊魚全部往河川游。這時公魚的腹部會變紅，又稱爲「赤腹」。地子和周圍的河川被指定成國家天然紀念物「橫山珠星三塊魚生息地」。

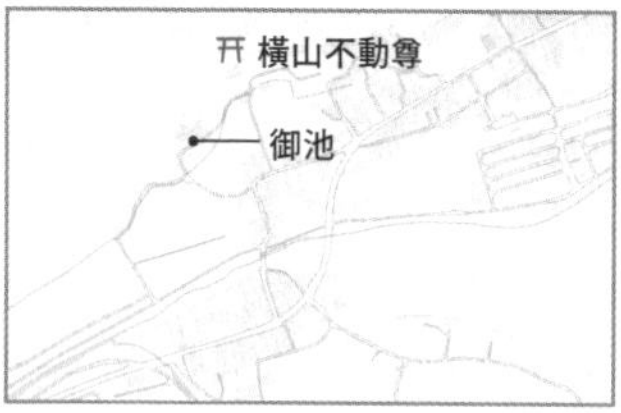

根據國土地理院標準地圖製作

人工池（寺社池）

沙丁魚池

石川縣鹿島郡中能登町石動山

石動山海拔565公尺，是山岳信仰道場的靈山。山麓有寺院大伽藍，位於伽藍一角，山毛櫸林的包圍下，靜靜佇立的沙丁魚池，是進行乞雨儀式的神聖場所。擁有雨乞池和垢池（閼伽池）別名。雖然是山中池，但傳說在大饑荒時，從池裡湧出沙丁魚，拯救了饑餓的人們。當地人相信池水能治萬病，7月7日的開山祭，前來參加的人很多。

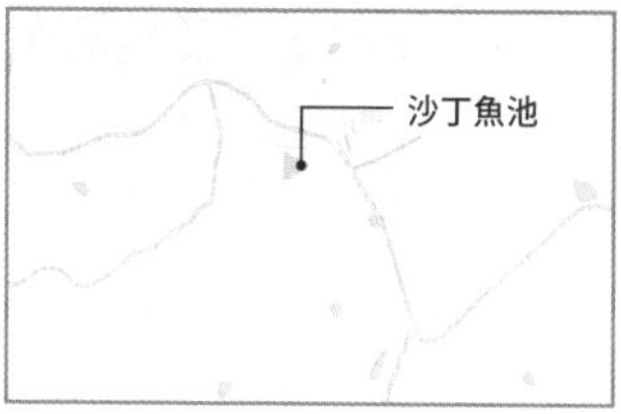

根據國土地理院標準地圖製作

天然池（湧水池）

新宮池

靜岡縣濱松市天龍區春野町和泉平

海拔高668公尺，在接近高塚山山頂處，浮現了湖周長500公尺的神祕湖池泊。雖然位在山頂，但是因爲湛滿了水未曾枯涸，大家相信這裡和諏訪湖在地底是相通的。實際上這邊的水源是湧水。池子也有和愛惡作劇的大蛇相關的傳說，莊嚴的新宮神社守護著池子。7月最後的星期六舉辦祭典時，裝飾了燈籠的華美水榭遊船，會在池上繞行。

根據國土地理院標準地圖製作

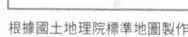

人工池（寺社池）

貝喰之池

山形縣鶴岡市下川關根

寫著「元祖人面魚出現地」看板的奇怪寺社池。位於善法寺的奧之院，池子也就是御神體的存在。以前偶然出現了幾隻身上有人臉紋路的錦鯉，所以就被叫做「人面魚」了。當地人給鯉魚吃的飼料是雞蛋。池邊有通往池中的階梯，如果有人要餵錦鯉飼料的話，鯉魚們就會爬上這個階梯。在這兒，鯉魚不是登龍門，而是登階梯，但還是很受歡迎。

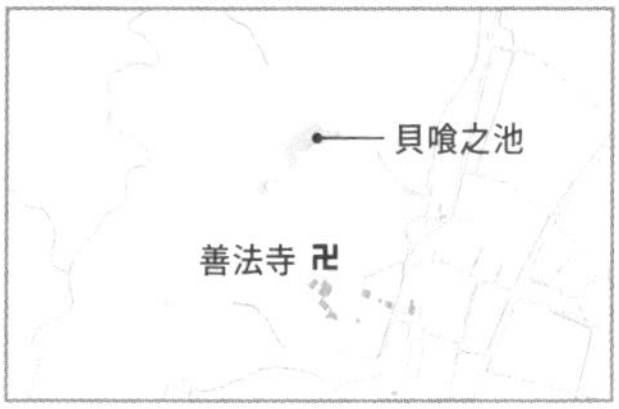

根據國土地理院標準地圖製作

天然池（沼澤）

池山池

高知縣室戶市元

只在雨後現身，因爲非得沿著稜線走到山的深處，是連當地人都很少看過的夢幻山中湖。山麓上有池山神社的分祀社，連神官都說他沒見過池子。位於海拔530公尺的山頂附近，湖周長約400公尺。聽說原本是在室戶捕鯨的漁人們的信仰。是一座會讓人不禁相信池子就是神體的神祕池泊。

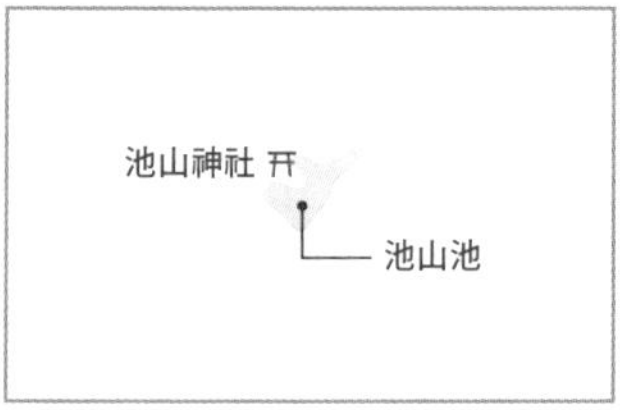

根據國土地理院標準地圖製作

人工池（寺社池）

蓮池

石川縣小松市那谷町

國家名勝那谷寺中，設了模擬周遊三十三所觀音的巡禮路線。境內的蓮池和奇岩的組合，散發了佛教繪畫的魅力。池旁聳立的岩盤上，刻著納有石佛的岩窟，也有只能穿過岩層的細細階梯，從上往下看很驚悚。池子裡已有外來魚種繁殖，爲了驅除外來種，聽說寺院的公務還包括了釣魚。對持守殺生戒的佛寺來說，外來種似乎是煩惱的根源啊。

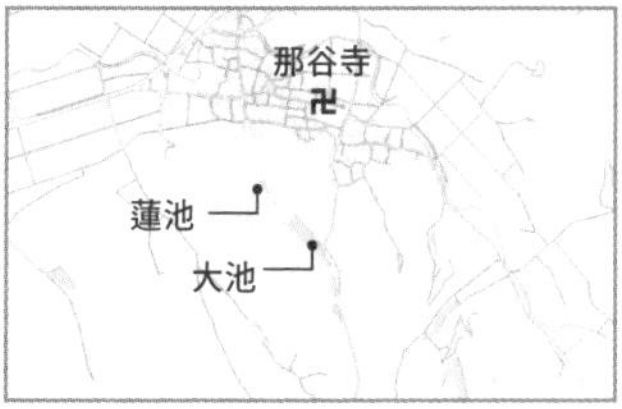

根據國土地理院標準地圖製作

卷末附錄

周遊水池的官方導覽——日本農林水產省選定的

「灌溉池百選」

「灌溉池百選」是日本農林水產省選定的，條件是扎根於土地、有長久歷史，深刻融入當地生活、環境和整體共同的保育活動，從本土到沖繩、離島，從日本全國很平均地選擇了100座池泊。

灌溉池所在的地域有所偏重，所以不一定能說是日本灌溉池最佳百選，但反過來說，也能享受毫無成見的周遊百座灌溉池的樂趣。這是最適合的輕省旅遊手冊了。如果能成功制霸100選的話，肯定會得到巨大的成就感。

	池名	所在地
001	美幌溫水灌溉池	北海道網走郡美幌町
002	廻堰大灌溉池	青森縣北津輕郡鶴田町
003	堺野澤灌溉池	青森縣五所川原市
004	藤枝灌溉池	青森縣五所川原市
005	千貫石灌溉池	岩手縣膽澤郡金之崎町
006	久保川流域灌溉池	岩手縣一關市
007	百閒堤（有切灌溉池）	岩手縣一關市
008	內田灌溉池	岩手縣奧州市
009	加瀨沼灌溉池	宮城縣多賀城市、塩竈市、宮城郡利府町
010	一丈木灌溉池	秋田縣仙北郡美鄉町
011	小友沼	秋田縣能代市
012	大山上池、下池	山形縣鶴岡市
013	德良池（德良湖）	山形縣尾花澤市
014	馬神灌溉池與大谷之鄉	山形縣西村山郡朝日町
015	玉蟲沼	山形縣東村山郡山邊町
016	藤沼貯水池（藤沼湖）	福島縣須賀川市
017	南湖	福島縣白河市
018	穴塚大池	茨城縣土浦市
019	砂沼湖	茨城縣下妻市
020	神田池	茨城縣阿見町
021	大沼	栃木縣小山市
022	唐桶溜	栃木縣芳賀郡芳賀町
023	妙參寺沼	群馬縣太田市
024	間瀨湖	埼玉縣本庄市
025	小中池	千葉縣山武郡大網白里町
026	月見之池	山梨縣上野原市
027	御射鹿池	長野縣茅野市
028	菅大平溫水灌溉池（鳶尾花公園池）	長野縣木曾郡木祖村
029	千人塚城之池	長野縣上伊那郡飯島町
030	鹽田平的灌溉池	長野縣上田市
031	荒神山灌溉池（辰野海）	長野縣上伊那郡辰野町
032	中鄉溫水池	靜岡縣三島市
033	青野池	新潟縣上越市
034	坊之池	新潟縣上越市
035	朝日池	新潟縣上越市

	池名	所在地
036	蓴菜池（下野）	新潟縣阿賀野市
037	赤祖父灌溉池	富山縣南礪市
038	櫻之池	富山縣南礪市
039	漆澤之池	石川縣七尾市
040	鴨池	石川縣加賀市
041	赤尾大堤	福井縣勝山市
042	八幡池	岐阜縣坂祝町
043	入鹿池	愛知縣犬山寺
044	三好池	愛知縣三好市
045	蘆之池	愛知縣田原市
046	初立池	愛知縣田原市
047	片田、野田的 灌溉池群	三重縣津市
048	楠根灌池	三重縣三重郡菰野町
049	八樂溜	滋賀縣東近江市
050	西池	滋賀縣長濱市
051	三島池	滋賀縣米原市
052	淡海湖	滋賀縣高島市
053	廣澤池	京都府京都市
054	大正池	京都府綴喜郡井手町
055	佐織谷池	京都府舞鶴市
056	狹山池	大阪府大阪狹山市
057	久米田池	大阪府岸和田市
058	長池綠洲 （長池、下池）	大阪府泉南郡熊取町
059	寺田池	兵庫縣加古川市
060	天滿大池	兵庫縣加古郡稻美町
061	稻美野 灌溉池美術館	兵庫縣明石市、 加古川市、高砂市、 加古郡稻美町、 加古郡播磨町
062	西光寺野台地的 灌溉池群	兵庫縣姬路市、 神崎郡福崎町
063	長倉池	兵庫縣加西市
064	昆陽池	兵庫縣伊丹市
065	斑鳩灌溉池	奈良縣斑鳩町
066	箸中大池	奈良縣櫻井市
067	龜池	和歌山縣海南市
068	狼谷灌溉池	鳥取縣倉吉市
069	大成池	鳥取縣伯耆町

	池名	所在地
070	潮之澤池	島根縣雲南市
071	流鏑馬的灌溉池	島根縣江津市
072	神之淵池	岡山縣久米郡久米南町
073	鯉之窪池	岡山縣新見市
074	服部大池	廣島縣福山市
075	長澤灌溉池	山口縣阿武郡阿武町
076	深坂溜池	山口縣下關市
077	深田灌溉池	山口縣長門市
078	金清 1 號池 金清 2 號池	德島縣阿波市
079	豐稔池	香川縣觀音寺市
080	滿濃池	香川縣仲多度郡滿濃町
081	蛙子池	香川縣小豆郡土庄町
082	國市池	香川縣三豐市
083	山大寺池	香川縣木田郡三木町
084	通谷池	愛媛縣伊予郡砥部町
085	赤藏之池	愛媛縣上浮穴郡 久萬高原町
086	大谷池	愛媛縣伊予市
087	堀江新池	愛媛縣松山市
088	弁天池	高知縣安芸市
089	蒲池山灌溉池	福岡縣 Miyama 市
090	池之內湖	佐賀縣武雄市
091	山谷大堤	佐賀縣西松浦郡有田町
092	野岳灌溉池	長崎縣大村市
093	諏訪池	長崎縣雲仙市
094	大切畑灌溉池	熊本縣阿蘇郡西原村
095	浮島	熊本縣上益城郡嘉島町
096	野依新池	大分縣中津市
097	巨田之大池	宮崎縣宮崎市
098	松之前池	鹿兒島縣大島郡和泊町
099	北大東村灌溉池群	沖繩縣島尻郡北大東村
100	Kanjin 蓄水池	沖繩縣島尻郡久米島町

Wander 004

日本全國池之散步圖鑑（日本全国 池さんぽ）

作　　者　市原千尋（Ichihara Chihiro）
譯　　者　高彩雯
設　　計　藍天圖物宣字社
特約編輯　黃阡卉
校　　對　簡淑媛
副總編輯　CHIENWEI WANG
社長暨總編輯　湯皓全
出　　版　鯨嶼文化有限公司
地　　址　231新北市新店區民權路108-3號6樓
電　　話　(02) 22181417
傳　　真　(02) 86672166
電子信箱　balaena.islet@bookrep.com.tw

讀書共和國集團社長　郭重興
發 行 人　曾大福
發　　行　遠足文化事業股份有限公司
地　　址　231新北市新店區民權路108-3號8樓
電　　話　(02) 22181417
傳　　真　(02) 86671065
電子信箱　service@bookrep.com.tw
客服專線　0800-221-029
法律顧問　華洋國際專利事務所　蘇文生律師
製　　版　瑞豐電腦製版印刷股份有限公司
印　　刷　文聯實業有限公司
初　　版　2022年12月
定　　價　560元

ISBN 978-626-96582-7-5
EISBN 978-626-96582-8-2 (PDF) / 978-626-96582-9-9 (EPUB)

國家圖書館出版品預行編目（CIP）資料

日本池之散步圖鑑 / 市原千尋著 ; 高彩雯譯 . -- 初版 . -- 新北市 : 鯨嶼文化有限公司出版 : 遠足文化事業股份有限公司發行 , 2022.12
192 面 ; 14.8×21 公分 . -- (Wander ; 4)
譯自 : 日本全国池さんぽ
ISBN 978-626-96582-7-5(平裝)

1.CST: 池塘 2.CST: 湖泊 3.CST: 日本
351.8　　111018135